大模型驱动的具身智能

架构、设计与实现

程戈 ◎著

机械工业出版社
CHINA MACHINE PRESS

图书在版编目（CIP）数据

大模型驱动的具身智能：架构、设计与实现 / 程戈著. -- 北京：机械工业出版社，2025. 4. --（智能系统与技术丛书）. -- ISBN 978-7-111-77881-3

Ⅰ. TP18

中国国家版本馆 CIP 数据核字第 2025WM0902 号

机械工业出版社（北京市百万庄大街 22 号　邮政编码 100037）

策划编辑：杨福川　　　　　　　责任编辑：杨福川　陈　洁

责任校对：邓冰蓉　张雨霏　景　飞　　责任印制：常天培

北京联兴盛业印刷股份有限公司印刷

2025 年 6 月第 1 版第 1 次印刷

186mm×240mm · 13.5 印张 · 222 千字

标准书号：ISBN 978-7-111-77881-3

定价：89.00 元

电话服务　　　　　　　　　网络服务

客服电话：010-88361066　　机　工　官　网：www.cmpbook.com

　　　　　010-88379833　　机　工　官　博：weibo.com/cmp1952

　　　　　010-68326294　　金　书　网：www.golden-book.com

封底无防伪标均为盗版　　机工教育服务网：www.cmpedu.com

Preface 前　言

本书写作目的

大模型驱动的具身智能正以前所未有的速度推动社会变革，并带来了深远的影响。大模型的崛起不仅吸引了全球资本的关注，也为智能机器人技术的未来注入了无限可能。具身智能伴随大模型技术的进步加速发展，它所带来的变革将不亚于工业革命。

然而，这次变革带来的影响不限于技术层面，还深刻触及社会的各个方面。在具身智能的广阔发展前景下，人类的职业、生活方式乃至社会关系和制度都可能被重新定义。例如，埃隆·马斯克在一次采访中被问到，在AI和机器人逐步取代许多工作的趋势下，他会给自己的孩子们什么职业建议。他的回答是鼓励孩子们遵循内心，去追求他们真正感兴趣和能获得成就感的事业，并尽可能对社会有用。这看似简单的回答，实则暗含深意，反映出马斯克对如何应对这场变革的深层次思考。

对于个人而言，每一次技术革命不仅会带来全新的生活方式，也会伴随着巨大的商业机会。无论是AI技术的突破，还是大模型驱动的具身智能，都会带来新的市场需求与创业契机。拥抱这次技术变革，积极寻找其中的机会，不仅是个人发展的方向，也是应对未来挑战的有效途径。

在技术层面，具身智能架构的复杂性尤为突出。机器人架构的设计，尤其在任务规划与动作控制的实现方面，涉及多层次的复杂性，需要对其进行有效的管理与协调。在这种背景下，传统的机器人架构设计就已具有较高的难度，而大模型的引入则又提出了新的挑战。如何将大模型的推理与规划能力有效地集成到机器人中，以实现智能化的任务和动作决策，是目前亟待解决的问题。而系统架构的选择直接决定了系统的运行效率、功能实现及整体性能。

本书正是基于这样的背景而撰写的。在书中，我结合自己在多家企业中设计具身智能方案的丰富经验以及深厚的理论基础，以深入浅出的方式为读者系统剖析大模型驱动的具身智能的架构、设计与实现。本书旨在围绕大模型与具身智能的融合，为读者提供清晰的指导和全面的解析，使其得以从容应对技术变革的浪潮，抓住机遇。

本书主要内容

本书是一本关于大模型驱动的具身智能的全面指南，包括 11 章，深入探讨了大模型在具身智能领域的应用，以及具身智能的架构设计、任务级与动作级规划、记忆机制、中间件、仿真框架及未来发展等内容。

第 1 章概述具身智能的基本概念和传统决策算法，介绍世界模型在具身智能中的作用，并讨论多模态大模型构建的世界模拟器及其应用。

第 2 章介绍机器人控制的基础知识，包括机器人的分类与组成、自由度、执行器，以及传统的系统设计范式和运动控制层级，为具身智能的架构设计奠定基础。

第 3 章深入分析大模型在任务级和动作级规划中的角色，介绍具身大模型的基元级、伺服级控制方法以及分级混合架构。

第 4 章探讨具身任务分解、任务级分层与端到端架构，结合微调与外部记忆，为读者提供全面的任务级规划实现方法。

第 5 章讨论基于动作原语和价值图的动作级分层规划，分析其在空间位置约束、任务感知动作等应用中的优势与局限性。

第 6 章介绍端到端动作级规划，通过视觉语言动作模型和多任务端到端架构展示具身大模型在复杂环境中的统一规划与控制能力。

第 7 章介绍人类记忆和大模型的记忆机制，包括参数记忆、上下文与工作记忆、外部记忆，并探讨其在具身智能中的实现方式和作用。

第 8 章分析多计划选择、反思与提炼、外部规划器等技术，为具身智能的决策优化提供解决方案。

第 9 章重点介绍 ROS 机器人中间件框架、MoveIt 2 逆向运动库和人形具身逆向运动库，解析中间件在具身智能中的关键作用。

第 10 章讨论仿真框架的组成、仿真环境构建、代理、分层任务规划、运动生成器、强化学习支持、模仿学习和远程操作等，为具身智能的虚拟环境提供基础。

第 11 章探讨具身智能机器人的行业前景，从成熟度曲线和行业成熟度等角度展望未来发展。

本书读者对象

- AI 领域的工程师。通过对具身智能算法、控制架构、微调和优化的深入探讨，提高他们在具身智能方面的技术水平。
- AI 研究人员。书中关于大模型与具身智能结合的前沿技术及分布式优化的内容，可为他们提供宝贵的研究和应用启示。
- 技术架构师和系统设计师。在设计大规模具身智能系统时，本书提供的关于架构设计、序列化及内存管理的详细信息可作为参考资源。
- 计算机科学领域的本科生。本书可帮助他们学习具身智能和大模型的基础理论与实践，为未来学习和职业发展提供技术背景。
- 计算机科学领域的研究生。他们可从本书中的高阶主题，如多任务端到端架构、优化策略等内容中获取灵感，为自己的学术或行业创新提供支持。
- 商业战略规划者和技术决策制定者。在涉及具身智能技术采购、策略制定时，书中关于非性能需求、成本优化等内容可为制定长远的 AI 发展战略提供指导。

联系作者

鉴于作者的写作水平有限，书中难免存在不妥之处，如你在阅读过程中有任何疑问或建议，可以通过邮箱 chenggextu@ hotmail. com 联系我。非常期待你的反馈，这将对我未来的写作有巨大帮助。希望你在阅读本书的过程中能获得深刻的启示，加深对大模型和人工智能的理解。

致谢

感谢我的家人。在本书的撰写过程中，我陪伴他们的时间大大减少，但他们始终给予我支持与理解，让我能够全身心地投入写作中，而无后顾之忧。

感谢我的研究生李伟华、李泳和谢芃，他们为本书绘制了大量的插图，我对他们的付出表示由衷的感谢。

Contents 目　录

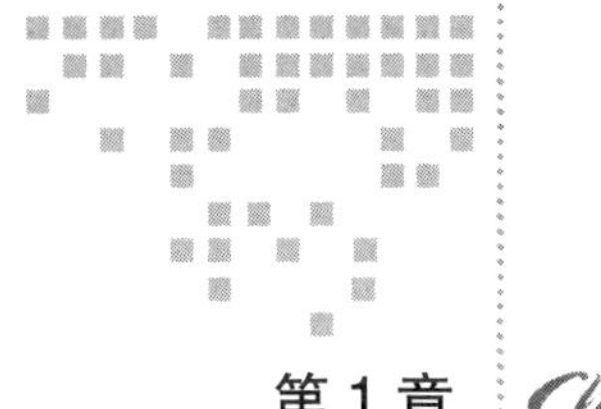

第 1 章 Chapter 1

大模型与具身智能

在机器人技术领域，长期以来，处理现实世界的不确定性并实现任务的智能化与通用化一直是个挑战。而应对这一挑战的关键在于构建能够有效预测和解释外部环境变化的“世界模型”。近年来，基于 Transformer 和扩散架构的生成式人工智能技术取得了显著进展，尤其是在理解复杂世界动态方面展示出巨大潜力。这些技术的发展不仅推动了具身智能的研究，也促进了其商业化应用，从而引领了智能化和通用化的新浪潮。

1.1 具身智能的概念

具身智能（Embodied AI）的概念源于认知一元论，该理论主张所有已知形式的智能，包括人类智能，本质上都是具身化的，即智能体必须具有物理形态并与环境直接交互。作为人工智能研究的一个子领域，具身智能强调智能行为不仅源于信息处理，更是与物理世界动态交互的产物。智能行为被视为源自与环境的持续互动，而非单纯的内部计算。在此视角下，感知与行动之间关系密切：感知会影响接下来的行动，而行动又能改变感知。通过与环境的互动，智能系统能自主学习和适应，从而调整其行为以应对不断变化的外部条件。

具身智能在概念上还与得到广泛认知的机器人（robot）相似，但机器人的概念范围更为广泛。机器人通常指能自动执行任务的人造机器设备，主要用于替代或协助人类工作。这些设备大多由计算机程序或电子电路控制，形态多样，不限于人形。人形机器人（android）是机器人领域的一个重要方向。

当前的具身智能研究主要受到大模型技术的推动，这些技术通过克服智能化与通用化的挑战，为传统机器人领域提供了新的思路。所谓大模型（Large Language Model，LLM），指的是具有大规模参数和复杂计算结构的深度神经网络，通常基于 Transformer 模型或扩散技术，拥有数十亿至数千亿参数，适用于处理自然语言处理、计算机视觉等复杂任务。

从机器人的角度看，具身智能的定义赋予了传统机器人智能化和通用化的能力，使其能进行智能决策和任务泛化。从大模型智能体的角度看，这种定义涵盖赋予智能体物理形态的过程，其中机器人作为具身智能模型的物理平台。大模型在此扮演类似“大脑”的角色，通过联合训练图像、文字等多种数据，与环境交互，并进行决策或规划。因此，具身智能本质上为大模型等人工智能技术提供了一个与物理世界互动的具体平台，而人形仅是具身智能的一个子集。具象化的形态可以多样化，从大型工业设备到自动驾驶系统，只要配备了人工智能，便构成了一个具身智能系统。

图 1.1 展示了由美国人形机器人公司 Figure AI 发布的人形具身智能机器人 Figure 01 与人类交互的场景。该机器人拥有灵活的双手和仿生足部以及可旋转的腿部和躯干，具备高度的全身运动自由度。此外，它还深度集成了 OpenAI 的大模型技术。用户通过语音输入发出请求，请求经语音转文字技术处理后转换为文本。OpenAI 的大模型接收这些文本输入，并结合机器人视觉传感器收集的图像数据进行语义分析和场景理解，从而生成相应的任务规划和行为指令。

在这一具身智能应用中，OpenAI 的大模型发挥了几个关键作用。首先，大模型具备多模态环境感知能力，能够整合并实时控制外部环境的多种信息，从而持续获取、理解并关联这些信息，以优化与环境的物理交互。其次，大模型展现了出色的任务规划能力，能有效适应新的对象、背景和环境，从而处理多样化的应用场景和任务。最后，大模型具有自主、可靠的决策能力，能自行将复杂的任务分解为可执行且可靠的子任务，确保执行过程的准确性和效率。

图 1.1　人形具身智能机器人与人类交互的场景

尽管大模型提供了任务规划能力，但实际的运动控制还需依赖其他神经网络技术。具身智能的核心价值在于能够通过与环境的交互获取信息、理解问题、做出决策并实现行动，从而表现出智能性和通用性。在本书中，我们约定“具身智能”特指基于大模型进行决策或规划的机器人，而单独出现的术语“机器人”则指非基于大模型的自动化机器设备。

1.2　传统的决策算法

在机器人技术领域，智能化与通用化一直是两大主要挑战。在大模型技术兴起之前，机器人的任务规划与决策主要依赖预编程方法和机器学习算法。现代机器人的决策算法已逐渐采用深度学习方法，主要是模仿学习（Imitation Learning）和强化学习

（Reinforcement Learning，RL）。这意味着决策算法从依赖预设规则到数据驱动的转变。

1.2.1 预编程方法

预编程方法是机器人任务规划中的一种传统技术，主要通过编写固定的程序来指导机器人完成特定的任务。此方法依赖于事先定义所有可能的情境和相应操作，常用于环境相对稳定且可预测的场景。

预编程方法的实施首先要求对机器人将要操作的环境进行详细分析，以明确任务目标及潜在挑战。基于这些分析，开发者会制定一套详尽的任务流程来指导机器人完成从任务开始到结束所需经历的每一步。每个步骤都详细规定了如何从一个状态转移到另一个状态，包括机器人的移动路线、操作序列和必要的传感器反馈。

在任务流程确定后，开发者需要开发专门的控制算法来驱动机器人执行这些预定义的步骤。机器人依靠各种传感器（如视觉、触觉、声呐等）来感知环境并校验自身状态。预编程方法要求将传感器输入集成到控制算法中，以确保机器人能根据实时数据做出反应，并调整其行为以适应环境变化。

在实际部署前，还需要进行广泛的测试来验证程序的有效性和机器人的性能。最后，将优化后的程序部署到机器人上，在实际工作环境中执行任务，并持续监控机器人的表现，根据需要进行维护和更新。

以图 1.2 所示的汽车工厂的自动化装配产线为例，这些生产线通常采用预编程方法。在此环境中，每个机器人都被编程执行特定的任务，如焊接、喷漆或组装。预编程允许工程师精确控制机器人的每一步动作，确保操作的质量和一致性，这对于保持高生产效率至关重要。预编程的机器人可以无间断地工作，极大地提高生产线的整体效率。

尽管预编程方法在可控和结构化的环境中表现出色，但它也有缺点，主要在于缺乏灵活性和适应性。面对未知或变化的环境时，预编程的机器人可能无法有效执行任务。因此，在复杂或不断变化的场景中，预编程可能不是最佳选择。

图 1.2　汽车工厂的自动化装配产线

1.2.2　模仿学习

模仿学习是一种通过观察和模仿人类行为让机器人学习特定任务的方法。此方法首先需要收集特定任务的轨迹数据，通常包括记录人类专家执行任务的视频或通过传感器直接捕捉其动作。例如，在汽车制造领域，可以通过穿戴设备将工程师的手动装配过程记录下来，或者利用高分辨率摄像头来捕捉精细操作。随后将收集到的数据分解为一系列具体的动作或步骤，并对这些动作进行详细标注，清晰定义每个动作的开始和结束以及相应的环境状态。这一步骤对于模仿学习至关重要，因为它既定义了学习目标，又设立了评估标准。接着，研究人员选择适当的深度神经网络来建模从状态（state）或观察（observation，例如第一视角的图像）到动作（action）的映射，以此方式来学习并复现技能。

模仿学习的优势是能够直接从专家示范中学习。如图 1.3 所示，斯坦福大学的研究团队开发了一套名为 Mobile ALOHA 的系统，专门用于模拟双手和全身控制的动态操作任务。据报道，通过提供 50 次示范，该系统成功将模仿学习任务的成功率提高至 90%，并能自主完成一系列动态的复杂任务，例如炒虾、击掌、洗锅、擦玻璃等。

机器人炒虾　　机器人击掌

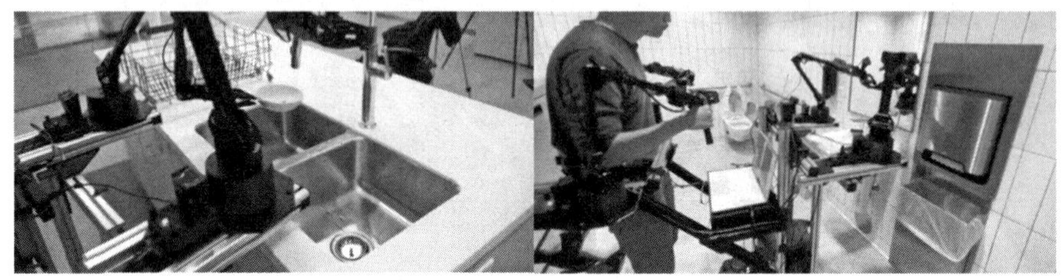

机器人洗锅　　机器人擦玻璃

图 1.3　Mobile ALOHA 模仿学习示例㊀

但模仿学习需要大量的示范数据以覆盖广泛的状态和动作空间，这会带来泛化问题。例如，虽然训练一个智能体可以将物体从桌子中间推至右上角，但相同的策略可能无法直接适用于将物体推至右下角的任务。这主要是因为在图像层面上，桌子的右上角与右下角存在明显差异，而在缺乏充分的相关数据的情况下，神经网络难以学习到这两者在抽象层面上的相似性。

此外，模仿学习还面临任务组合数量爆炸的问题。例如，如果需要学习与用 100 种方式操作 100 类物体相关的 100 种特定状态，那么就需要定义并完成一百万种不同的任务。即使像 Mobile ALOHA 那样每个任务仅提供 50 次示范，那也是一个巨大的数据收集挑战。在实际训练多场景任务时，这种数据收集由于成本过高没有实施的可行性。

1.2.3　强化学习

强化学习是一种机器学习范式，允许智能体（如机器人）通过与环境的交互来学

㊀ 图片来源：Mobile ALOHA，https://mobile-aloha.github.io/。

习达成特定目标的策略。在这一过程中，机器人自主学习最优策略，通过不断地尝试和犯错来优化行为。

在强化学习中，首先需要定义一个包括所有智能体可能影响或被影响因素的环境。智能体在此环境中执行操作，并从环境中获得对其行动的反馈，通常是奖励或惩罚。状态空间定义了智能体可以处于的所有可能状态，为智能体提供关于环境的完整信息。动作空间则包括智能体可以采取的所有潜在行动，例如移动、抓取或放置。奖励函数的设计至关重要，它不仅激励机器人朝着目标努力，也反映出行为的长期后果。如图 1.4 所示，在导航任务中，采用 Actor-Critic 算法时，设计的奖励函数可能对达到目的地的行为给予奖励，而对撞到障碍物的行为施以惩罚。

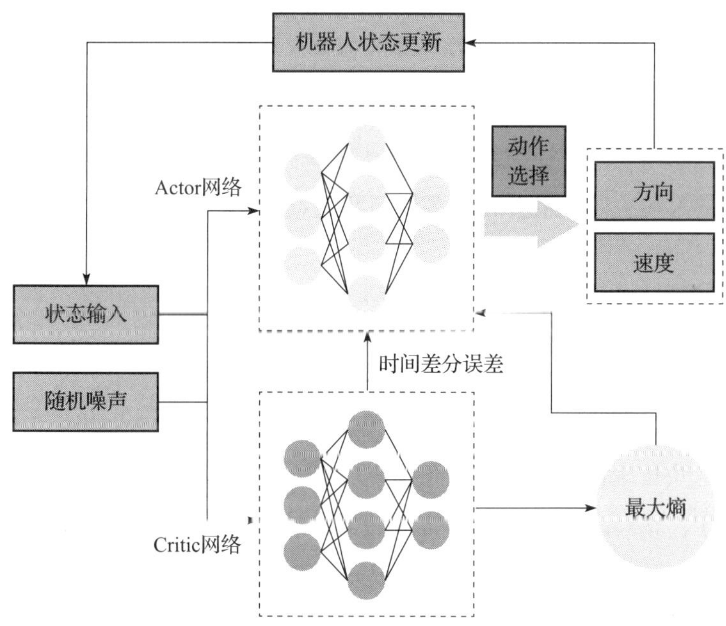

图 1.4　基于 Actor-Critic 算法的导航任务

强化学习的一个显著优势是它能够在不依赖专家示范的情况下，通过自主探索和学习来优化策略。然而，这种方法高度依赖训练数据的分布。如果训练环境不能充分覆盖多样化的实际操作环境，那么学习到的策略可能无法适应新的或未见过的环境条件。例如，一个仅在室内环境中训练的机器人可能在户外复杂多变的地形中难以有效导航和操作，因为其训练数据未覆盖天气变化、地形起伏等因素。

强化学习还面临着目标多样性的挑战。目标多样性指的是机器人面临的任务和目标在性质上可能高度多变和复杂。机器人在实际应用中可能需要完成从简单到复杂的多样任务，如搬运、组装、搜索救援等，每个任务都有其独特的目标和执行标准。强化学习模型可能难以同时优化针对多个目标的策略，特别是当这些目标在某些方面存在冲突或需要在多个维度上进行权衡时。例如，提高操作速度可能会降低精确度，反之亦然。

在强化学习中，智能体必须通过与环境的交互来学习最佳策略。每次与环境的互动都会产生数据，包括当前状态、采取的行动以及由此产生的奖励或反馈。这些数据用于更新智能体的策略，以使其在未来能够做出更好的决策。由于强化学习通常面临复杂的状态空间和动作空间，以及可能的延迟奖励信号，算法的数据利用率通常较低，需要大量的交互数据才能对环境建模并学习到有效的策略。这些挑战增加了在实际应用中采用强化学习解决任务组合数量爆炸问题的难度。

1.3 世界模型

在决策的智能化与通用化方面，无论是预编程方法还是深度学习方法，都未能完全满足期望。这些技术尚未达到人类在思考、学习和解决各种任务方面的能力水平。当前的挑战在于，我们希望机器学习系统能够从自然模态中学习并抽象出世界的结构化和层级化知识，即构建一个“世界模型”（World Model）。

1.3.1 什么是世界模型

预编程方法依赖硬编码的指令和规则，这限制了其应用于复杂或未知环境中的能力。而深度学习方法尽管在模式识别和数据驱动的任务中表现出色，但仍然缺乏对复杂世界动态的真正理解。这些方法大多关注从大量数据中学习特定的功能或行为，但通常忽略了对环境的全面理解和对未见情况的适应能力。

实现真正的智能化与通用化决策，需要机器学习系统能够像人类那样不仅学习特定任务，更能从经验中建立对世界的广泛和深入的理解。这就要求开发所谓的“世界模型”，通过这种模型，机器不仅能解析当前的数据，还能预测未来情况和可能的变化，从而在更广泛和更复杂的环境中做出智能决策。

世界模型的概念最早在强化学习研究中被提出，用于描述智能体与外部环境交互的内部表征。Yann LeCun 提出了一个联合嵌入预测架构（Joint Embedding Predictive Architecture，JEPA）[㊀]中，在该架构中有一个世界模型的模块。此模型是智能体认知架构中的核心模块，负责以抽象的方式处理世界状态，而非直接操作原始感知信号。世界模型主要具备两大功能：一是补充智能体感知系统未能覆盖的关于世界当前状况的信息；二是预测可能由智能体行动引发的未来世界状态。这两大功能通过操作世界状态的抽象表征来实现，使模型能够忽略不可预测的细节并进行多尺度规划。智能体的行动预测结果将提供给成本模块，该模块负责评估行动的预期后果。此外，世界模型还使智能体能够通过模拟行动场景及其潜在影响来进行复杂任务的前期规划和推理。

在 JEPA 中，世界模型由两大核心部分组成：世界状态的抽象表征和序列预测。世界状态的抽象表征涉及对环境信息的捕捉和抽象化处理，通过降低数据的维度，人工智能系统能从复杂的环境数据中提取出核心特征，形成对环境的简化但精练的内部表征。这一过程类似于人类大脑处理感官输入（如视觉或听觉信息）的方式，抽象出关键信息以便快速响应环境变化，如图 1.5 所示。世界状态的序列预测则涉及对未来环境状态的模拟和预测。通过分析当前的环境表征及其随时间的变化趋势，模型能够预测接下来可能发生的事件，帮助智能系统做出预测性决策，进行策略规划和调整。这种能力可以类比人脑中的心智模式，即人们对事件展开内在预测和设想的机制。

通过这两大核心部分，世界模型不仅帮助人工智能系统更有效地处理和响应环境，也使系统能够在不确定和动态变化的环境中进行自主决策和学习。这种模型的设计是

㊀ Introduction to Latent Variable Energy-Based Models: A Path Towards Autonomous Machine Intelligence, https://arxiv.org/abs/2306.02572。

使人工智能更贴近人类思维方式的关键步骤之一。

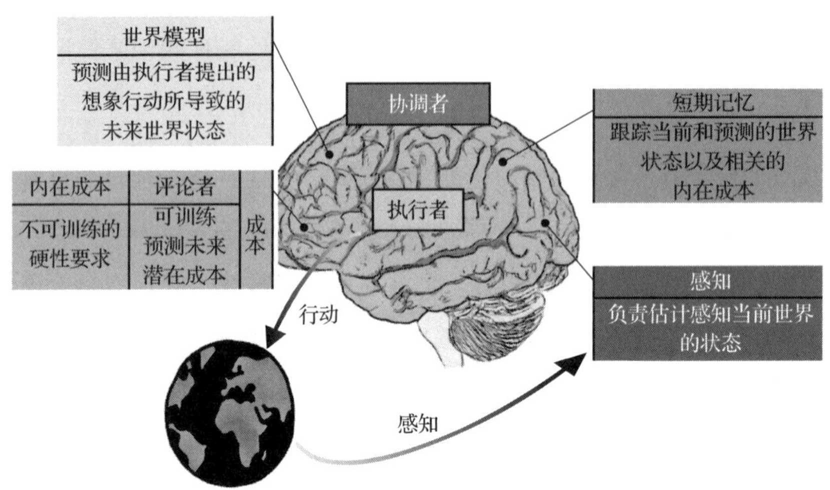

图 1.5　模拟人类心智的世界模型

1.3.2　世界模型在具身智能中的作用

在具身智能领域，世界模型扮演着至关重要的角色，它不仅赋予智能体认识和理解外部世界的能力，还使智能体能够感知环境变化并做出适应性决策。这些决策基于世界模型对环境状态的持续监测和预测，使智能体能在多变的环境中保持有效的交互和响应。世界模型提供了对环境的因果关系理解，并具备进行反事实推理的能力，这对于智能体进行复杂决策至关重要。

根据美国计算机科学家 Judea Pearl 的因果之梯理论（见图 1.6），对因果关系的理解从关联到干预再到反事实，逐级深入，其中反事实层级对应于最复杂的因果问题。这一层级涉及智能体模拟和探索“如果……会发生什么”的情景，即通过假设不同的行动方案，预测可能导致的不同结果。这种能力使智能体能够在面对未知和复杂环境时评估多种潜在的决策方案，并选择最佳或最优化的行动路径。这意味着通过世界模型可以覆盖关于世界当前状况的信息，理解真实世界的不确定性，并预测可能由智能体行动引发的多种未来世界状态。

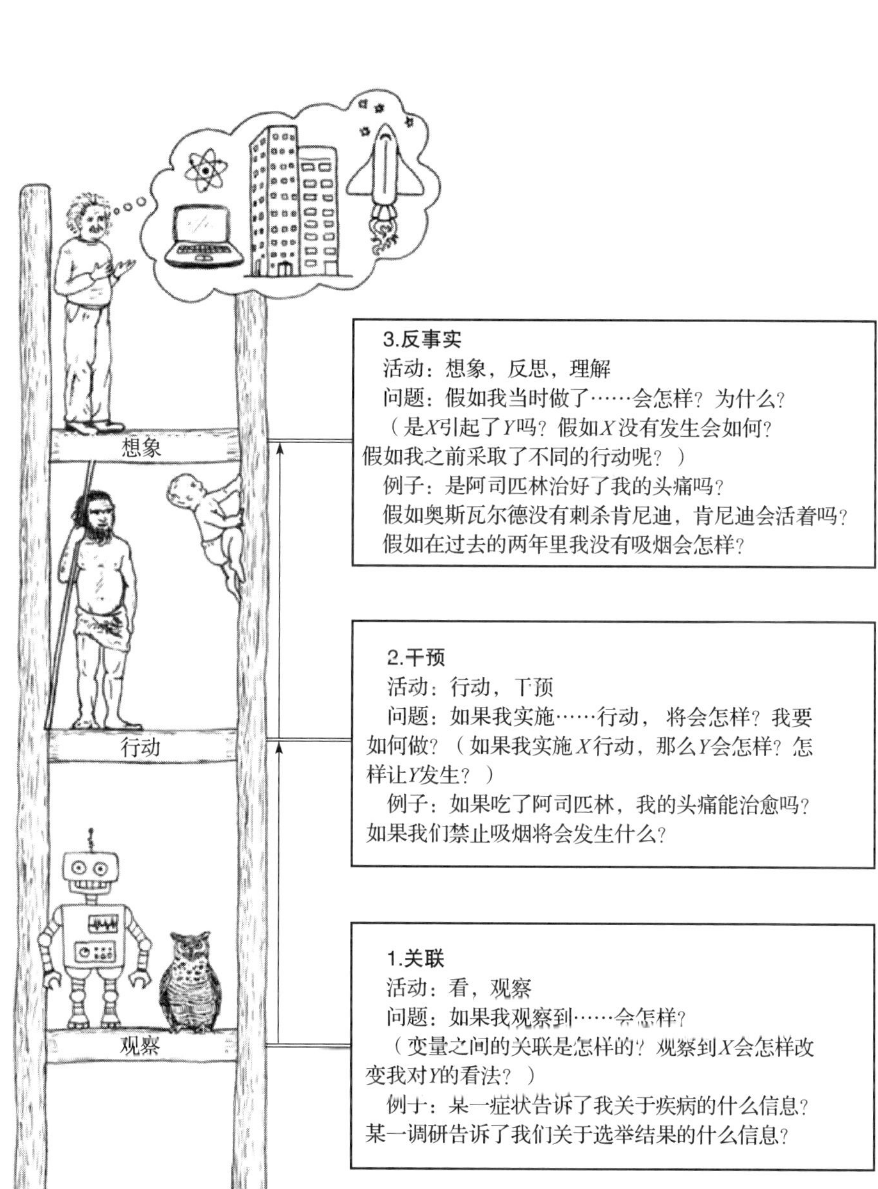

图 1.6　因果之梯理论[㊀]

㊀ 图片来源：Causality：Models，Reasoning and Inference，https://openlibrary.org/books/OL15495862M/Causality。

这种预测能力对于解决组合爆炸问题和泛化问题尤为关键。组合爆炸问题出现在状态和动作的空间过大，传统的强化学习算法难以高效地探索和学习所有可能的状态-动作对时。这一问题在复杂环境，如涉及高维空间或多因素交互的场景中尤其显著。世界模型通过构建一个内部模型来模拟真实世界的动态变化，可以有效地预测和评估状态变化，而不必在物理环境中实际探索每一种可能性。这种预测能力可以帮助智能体在策略学习过程中预判和规避潜在的大量无效或低效探索，从而缓解组合爆炸的影响。

泛化问题是指学习到的模型或策略无法有效应用于训练集之外的新环境或情境。在模仿学习和强化学习中，模型往往过度拟合于训练数据，难以适应新的或略有差异的环境。世界模型通过结构化的环境表征和动态模拟，可以学习到更抽象、更泛化的知识表示。例如，世界模型通过模拟不同环境条件下的结果，可以对未见过的场景做出决策。这种能力特别适用于那些需要高度泛化能力的应用场景，如自动驾驶车辆在各种天气和交通条件下的驾驶。

通过内部模拟和预测，世界模型不仅可以提高学习效率，还可以在没有外部干预的情况下进行自主学习。这种预测能力使世界模型能够在没有实际执行或只有少量反馈的情况下，“在脑中”进行尝试和错误修正，这种学习方式大大增强了模型在新环境中的适应能力和鲁棒性。

1.4 通往世界模型的渐进之路

世界模型提供一种通用智能的可行方案，而大模型技术则是最有可能通往世界模型的渐进之路。

1.4.1 大模型编码世界

基于 Transformer 的大模型与传统的机器学习模型在训练方法和目标上存在差异。大模型不直接编程以构建世界模型，也没有明确地训练它们以学习这种模型。事实上，这些模型通常通过处理序列化的标记（Token）来训练，其主要任务是预测序列中的下一个标记。经过大规模的训练，处理从数字化文本和图像中抽取的数万亿个标记后，这些模型能够捕捉到世界及人类社会的某些基本特征。

OpenAI 联合创始人、前首席科学家 Ilya Sutskever 曾在一次采访中指出："当我们训练一个大型神经网络以精确预测各种文本中的下一个词时，它实际上在构建一个对世界的映射。"他认为，这些神经网络通过处理大量文本，正在逐渐深入学习世界的多个方面，包括人类及其环境、期望、梦想和动机等。

近期的一项研究利用黑白棋（Othello）作为模型，探索语言模型是否能在没有专业知识或策略指导的情况下隐性地学习到一个世界模型，如图 1.7 所示。在名为"Emergent World Representations：Exploring a Sequence Model Trained on a Synthetic Task"的研究中，研究者通过模拟器生成了 2000 万个黑白棋游戏的序列样本，并用这些样本

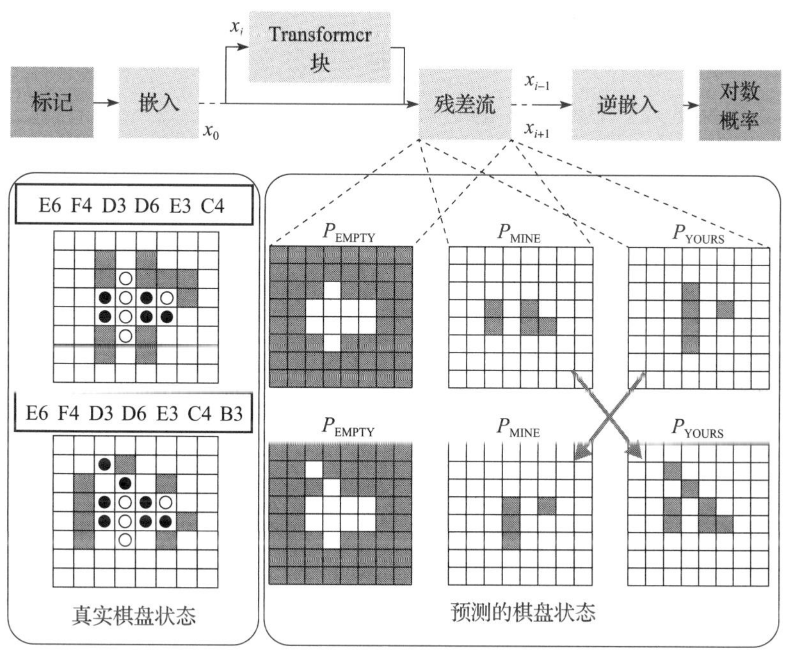

图 1.7　Othello-GPT 的世界模型[㊀]

㊀ 图片来源：Emergent Linear Representations in World Models of Self-Supervised Sequence Models，https://arxiv.org/pdf/2309.00941。

训练了名为 Othello-GPT 的 Transformer 模型。该模型通过预测下一个可能的棋步（标记）来进行训练，完全不了解棋盘游戏的概念。研究结果表明，尽管 Othello-GPT 仅接受了动作序列而不是传统的语言标记来学习，但其内部状态能够用来预测特定棋步后棋盘上的棋子位置。这引发了一个问题：模型是真正理解了游戏的属性（关于棋盘和棋子的抽象且压缩的世界模型），还是仅仅依赖于记忆和浅层启发式算法?

研究人员通过实验从 Othello-GPT 的激活模式中解码棋盘状态的信息，发现模型对棋盘上每个格子的状态进行了有效编码，即格子被当前玩家占据、对手占据或为空。更进一步，通过改变棋子的颜色（即切换占用玩家的身份）和删除先前下过的棋子，观察到模型对后续走法预测的改变，从而证明了信息的因果作用。

由此可以得出结论，Othello-GPT 通过其内部激活模式对棋盘状态进行了有效编码，并利用这些信息来预测合法的动作，显示出对“游戏世界”的深刻理解。这种能力使模型不仅能够追踪当前的棋盘状态，还能根据这些状态来预测可能的合法动作，这强有力地表明了模型作为一个世界模型的潜能。

这些研究成果表明：基于 Transformer 的大模型能通过大规模数据训练，有效地学习现实世界中实体、关系和过程的结构化表征；利用内置的自注意机制和层级化的信息融合策略，理解并模拟各种复杂过程之间的交互作用；捕捉现实世界中常见的因果关系，进而支持预测、决策制定等应用。此外，模型的这些能力不仅源于对训练数据的直接学习，还依赖于训练过程中的参数优化，使得模型具备在未知数据上进行泛化和推理的能力。

1.4.2 多模态大模型构建世界模拟器

2024 年初，OpenAI 发布了名为 Sora 的视频生成工具，该工具能够根据文本描述生成长达 60 秒的视频。这些视频不仅场景复杂细腻，角色表情生动，还包含复杂的镜头运动。尽管 OpenAI 将 Sora 描述为一种物理世界模拟器，并没有直接讨论世界模型的概念，但可以推断出，一个高质量的世界模拟器必然依赖于精确的世界模型。

Sora 模型融合了潜在扩散模型（Latent Diffusion Model，LDM）和扩散转换器（Diffusion Transformer，DiT），以 Transformer 模型为核心计算架构。LDM 通过变分自编码器（Variational Autoencoder，VAE）技术，将高分辨率图像压缩至低分辨率的潜在空间。继而，Sora 将压缩后的视频分解成所谓的“空间时间补丁”，即视频视觉内容的基本构建块，并将其转换为一维数据序列。

此外，Sora 采用了一种特殊的位置编码策略，为每个空间时间补丁编码其在视频中的具体时空位置。这一策略使 DiT 能够有效地识别和处理这些数据，并保持图块间的相对关系。通过对每个空间时间补丁进行逐步的噪声去除和生成处理，Sora 的 DiT 模型能够实现高质量的视频生成。这种方法有效地扩展了 Transformer 模型的应用范围，从传统的文本和静态图像处理拓展到动态视频生成领域。借助这种技术，Sora 不仅能够生成高质量的图像，还显著降低了计算复杂性。

如图 1.8 所示，Sora 生成的视频在视觉效果上极具真实感，与真实世界的视频在视觉上难以区分。从单一帧的角度观察，其高分辨率、细致的纹理和精心的构图共同形成了这种前所未有的真实感。然而，Sora 最引人注目的特点在于其视频的时间连贯性。与生成静态图像相比，生成视频的复杂性显著提高，因为视频需要在时间上保持连续性，确保从一帧到下一帧细节的一致性。这不仅包括维持物体和角色的形状、纹理等静态属性的稳定性，还包括确保物体的运动和相互作用等动态属性都按照物理规律自然变化。

图 1.8　Sora 生成视频的视觉效果

OpenAI 的技术报告中提到，Sora 展示了规模化的“模拟能力”，通过动态相机运动、遮挡处理、物体持续性的保持以及电子游戏的模拟技术实现了场景一致性。此外，OpenAI 认为，这些功能预示着使用 DiT 可能是一种实现物理和数字世界高性能模拟的有效路径。

然而，关于 Sora 如何模拟物理世界，该观点存在明显的模糊性，需要更多的证据支持。Sora 发布后，一些 AI 领域的知名学者进行了评论。例如，NVIDIA 的高级研究科学家 Jim Fan 将 Sora 描述为一种“数据驱动的物理引擎”，他的解释是 Sora 能隐式地在神经网络参数中学习物理规律，是一种可学习的模拟器或世界模型。然而，这种观点遭到包括 Yann LeCun 和 Gary Marcus 在内的多位 AI 界重量级人物的反对，他们指出 Sora 生成的视频存在违反物理规律的明显问题。

OpenAI 公开承认了 Sora 模型在生成视频内容时的局限性，并通过展示一些失败的示例来揭示这些不足。这些示例主要涉及视频生成中的时空不一致、重力和碰撞动力学的错误表现，以及对物体坚固性和持久性的不恰当处理。例如，图 1.9 中显示的液体流出与杯子倾斜动作不同步的错误，说明了视频生成模型在处理液体动力学方面的不足，导致在没有足够倾斜触发的情况下，液体就已经显示在桌面上了。

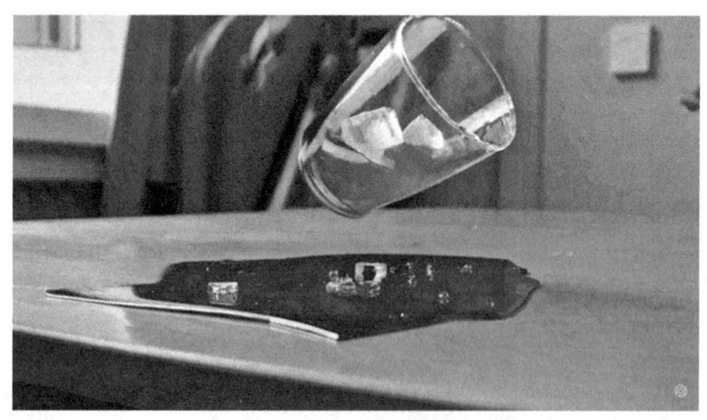

图 1.9 液体倾倒的时间连贯性错误

尽管如此，并不能完全否定 Sora 模型在处理大多数 3D 几何和动力学问题上的能力。正如 Stable Diffusion 模型可能在射影几何方面存在误差一样，模型在直观物理方面的错误也不必然意味着模型完全无法表达相关的世界模型。可以确定的是在 Sora 模型中，视频内容的生成过程并非在传统的像素空间中进行，而是在一个潜在空间中完成。在此空间中，视频的时空信息被编码和表征。这种方法的优势在于它克服了传统像素处理方法可能面临的限制。尽管存在批评声音认为 Sora 模型可能只是在模拟像素空间中逐帧变化的常见模式，近似于视频时空“纹理”的变换，但这种看法可能误解了 Sora 模型的工作机制。实际上，Sora 架构的编码器和解码器处理的所有信息均在潜在空间中进行转换和生成。

根据对 LDM 的相关研究，信息可以在潜在空间中得到有效表征，即便这些信息在像素空间的特定时间步中不明显或不完全可见。潜在空间通过更抽象和深层的数据编码形式，能够揭示信息的因果关系及其影响。例如，有一个视频帧序列，显示一个球从桌面滚落并逐渐从视野中消失。在像素空间中，随着球逐渐离开桌面并移出画面，某些时间步的图像可能不再包含球的像素信息，因为球已完全不在画面中。然而，在潜在空间中，球的存在和运动轨迹仍然在球出现前和消失后的帧中表征。在模型的早期扩散时间步中，这种潜在表征能够揭示出球即将滚离桌面的因果关系。这意味着，即使球在当前帧中已经不再可见，模型仍然能够利用潜在表征来预测或生成球的继续运动，因为潜在空间中的信息包含了球运动的动力学和轨迹的内在逻辑。

这种潜在表征的因果效力对于生成模型非常重要，因为它使生成模型能够在不直接观察到某些物体或事件的情况下，还能继续准确地模拟或预测这些物体或事件的行为，这对于创建连贯和逻辑上一致的视频内容至关重要。Sora 模型在其生成过程的早期阶段就能够展示与场景的直观物理属性相关的潜在表征的因果效力，这突显了潜在空间表征在视频生成中的重要性。

因此，Sora 模型中的潜在表征使其能够更有效地模拟和生成视频内容，而不是仅仅复制像素变化。这表明，即便是当前的生成模型（如 Sora）也可能存在所谓的“世界模型”，虽然这种模型并不完美或完整。例如，Stable Diffusion 的深度潜在表征虽然是近似的，但在生成过程中起到了关键作用。Sora 的表征可能同样不完整，但在生成过程中也发挥了关键作用。这种理解强调了即使是先进模型也存在局限性，同时也具备在特定方面提供有效表征的潜力。

当前，关于自回归生成式模型（如 OpenAI 的 GPT 和 Sora）能否真正构建出有效的世界模型这一问题在学术界仍有争议。然而，这些模型所展示出的理解世界的能力表明，我们正在逐步接近实现世界模型的目标。GPT 和 Sora 这类模型通过模拟和生成复杂的数据结构，展示了其对现实世界中各种现象的表征能力。尽管存在争议，但基于这些大模型的具身智能研究已成为当前机器人技术发展的主流方向。

第2章 Chapter 2

机器人系统架构

自第一台可编程机器人问世以来，架构在其系统设计与开发中发挥了核心作用。系统架构的选择直接决定了系统的运行效率、功能实现以及整体性能。在机器人技术的发展过程中，任务规划与控制实现之间的技术难题尤为突出，这些难题往往需要处理多个层次的复杂性，并进行有效的管理与协调。随着技术的不断进步，多级分层架构和端到端架构逐渐成为解决这些挑战的主要方法。其中，多级分层架构通过促进系统模块化，增强了系统的可维护性和可扩展性；端到端架构则通过减少中间层次，简化了系统的设计和实现过程。

2.1 机器人控制基础

2.1.1 机器人的分类与组成

机器人是一种高度复杂的集成系统，可按多种方式进行分类。从应用环境的角度，机器人可分为工业机器人、服务机器人和特种机器人，如图2.1所示。工业机器人主要用于生产线上的自动化操作；服务机器人则广泛应用于医疗、教育、家居等领域；特种机器人则专门针对如消防、军事等特定环境设计。从控制方式的角度，机器人的种类包括操作机器人、程序机器人、示教再现机器人、智能机器人和综合机器人。操作机器人通常指简单的自动化装置；程序机器人按照预设程序运行；示教再现机器人能够通过学习操作者的动作来复制任务；智能机器人具备自主学习和决策能力；综合机器人则结合了多种控制技术。从控制论的角度，机器人可划分为生产用机器人、研究用机器人和生活用机器人，这一分类侧重于机器人的功能和使用场景。

图 2.1 应用环境角度下的机器人分类

不论何种分类方式，所有类型的机器人系统均包含硬件和软件两大核心部分，其中机器人的硬件部分主要由机械结构、传感器、执行器和控制器组成，而软件部分则负责实现机器人的感知、规划和执行功能。以如表 2.1 所示的人形机器人为例，这些人形机器人的软硬件构成主要涵盖以下五大核心组成部分。

1）感知系统：包括摄像头、麦克风、距离感应器及压力感应器等。这些设备使机器人能够感知其周围环境，并捕捉视觉与听觉信息。尽管当前的感知系统相对成熟，但提高感知精度和处理复杂环境信息的能力仍是技术发展的重点。

表 2.1 人形机器人配置

对比项	智元远征 A1（2023.8）	宇树科技助跑机器人 H1（2023.8）	傅利叶 GR-1（2023.7）	特斯拉 Optimus（2022.9）	特斯拉 Optimus Gen 2（2023.8）
图片					
身高体重	175cm、55kg	180cm、47kg	165cm、44kg	172cm、73kg	173cm、56kg
自由度	49（其中灵巧手 17）	19	44	50	42（其中灵巧手 11）
配置	自研核心关节电 PowerFlow 采用准直驱关节方案，实现低齿槽转矩设计，搭配 10 速比以内的高力矩透明度行星减速器、共轭同轴双编码器、一体液冷循环散热系统以及自研的矢量控制驱动器，峰值扭矩超过 350N·m；算力达 200 Teraflops，传感器采用 RGBD 相机+激光雷达+IMU	自研 M107 电机峰值扭矩 360N·m，中空轴线+双编码器；全身采用旋转关节上半身以谐波减速器为主，下半身以行星减速器为主；传感器采用 3D 激光雷达+深度相机，实时获取高精度的空间数据，实现全景扫描	自研 FAS 高性能一体化执行器，集成电机+驱动器+减速器+编码器；全身由 40 个摩擦支持驱动（FSA）关节构成，最大模组峰值扭矩 300N·m	搭载 FSD 全自动驾驶系统和 D1 超级芯片；执行器采用减速器+电机的传动方式；双手搭载大量传感器，可实现细微操作	各方面相比前代进一步升级，行走速度提高了 30%，重量减轻了至少 10 公斤，一举一动非常拟人化，甚至能做深蹲，还可以做出精细的操作，比如放鸡蛋等
运动能力	最高步速可达 7km/h，整机承重 80kg，单臂最大负载 5kg	步速大于 1.5m/s，潜在运动能力为 5m/s，是国内首台能奔跑的全尺寸通用人形机器人	步速可达 5km/h，负重 50kg，具备快速行走、敏捷规避障碍、稳健上下坡、抗冲击干扰灯光运动功能	未公布详细的行走速度数据，但从视频看出行走速度较为缓慢；可搬运约 10kg 的中小型货物	行走速度为 8km/h，可搬运重物、可轻握鸡蛋

2）控制系统：负责理解环境、拆解任务、路径规划和任务执行。例如，智元机器人远征 A1 采用 PowerFlow 处理器，具备高达 200 Teraflops 的运算能力，表现出强大的数据处理能力。

3）驱动系统：主要包括液压驱动和电机驱动两种类型，要求系统轻便、灵活、体积小，并具有抗摔和耐用性能。例如，助跑机器人 H1 使用 M107 电机，提供最大 360N·m

的扭矩，以确保出色的运动性能。

4）末端执行系统：包括关节执行器、谐波减速器和无框力矩电机等，关键在于精确控制抓握力度和灵活性。例如，傅利叶公司的机器人 GR-1 使用传感器融合技术（FAS）转矩电机，提供最大 300N · m 的扭矩，实现力量与精确控制的平衡。

5）能源供应系统：主要由电池供电，关注点在于电池的持久性与安全性。机器人的长时间操作需求依赖于这些可靠的电池系统。

2.1.2 自由度与执行器

从运动控制的角度看，机器人自由度（Degrees of Freedom，DOF）的数量决定了其控制的复杂程度以及可能实现的功能上限。自由度指的是一个系统在空间中独立移动和旋转的能力，其中平移自由度（Translational DOF）是指物体在直线方向上的移动，通常包括三个方向（沿 x、y、z 轴的移动），每个方向提供一个自由度。旋转自由度（Rotational DOF）指物体围绕某一轴线旋转的能力，也包括三个方向（绕 x、y、z 轴的旋转），每个旋转轴提供一个自由度。

以人形机器人特斯拉的 Optimus Gen 2 为例，其全身共拥有 42 个自由度。Optimus Gen 2 机器人在手部设计上经历了显著的改进，尤其是在感知技术方面的进展。这一代机器人保留了上一代的 11 个自由度，包括 6 个主动关节和 5 个被动关节。例如，如图 2.2 所示，Optimus Gen 2 展现了其捡起易碎物品如鸡蛋的能力，证明了其控制精度和操作灵活性。

Optimus Gen 2捡起鸡蛋

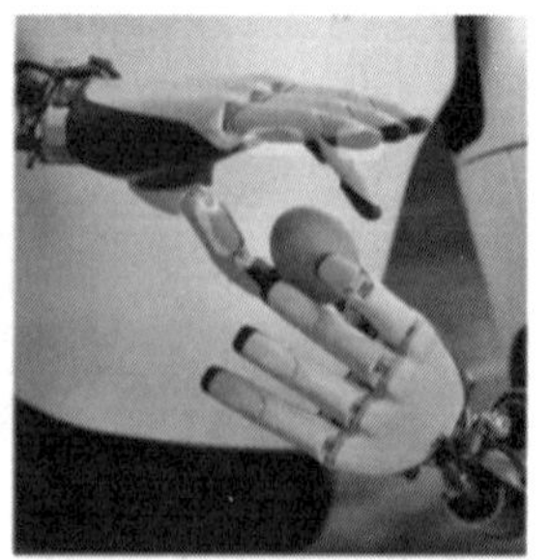

触觉传感器的位置

图 2.2 Optimus Gen 2 的触觉传感器与操作灵活性

机器人的自由度是由其机械结构的关节设计决定的，例如，旋转关节允许绕固定轴旋转，而平移关节则支持沿直线方向移动。执行器（如电动机和液压缸）是推动这些关节运动的核心部件，通过精确控制，执行器能够实现机器人的多样化运动和行为。执行器根据驱动方式可分为主动组件和被动组件，前者直接产生运动，后者则通过提供阻力或能量存储来调节运动。

然而，传统的执行器通常缺乏反馈机制，难以精确感知和调整自身的运动状态。伺服器作为一种具有反馈控制系统的执行器，能够实时调整其输出，确保关节运动的精确性，从而大幅提升机器人的操作精度。伺服系统通常由传感器、控制电路和执行器组成，能够精确控制位置、速度及加速度。

随着机器人在复杂环境中的应用需求增加，触觉传感器被引入伺服系统。触觉传感器能够基于对环境的感知需求进行反馈，尤其在视觉传感器受限的情况下（如视线受阻时），触觉传感器可以提供更多细节信息。以特斯拉 Optimus Gen 2 为例，其关键的技术创新之一就是手部的触觉传感器。这些传感器能够感知物体的形状、纹理、硬度和压力，使机器人与环境的交互能力得到了显著增强，特别是在高精度抓取和操作任务中表现出色。触觉传感器的引入不仅提升了其操作的灵活性，还通过与伺服系统的结合，使得机器人的手部能够实时调整抓取力，从而确保物体不会被损坏或滑落。

Optimus Gen 2 展现出的控制精度和操作灵活性是基于其配备了复杂的伺服关节系统，这些关节系统的输出特性（如扭矩、速度、定位精度和旋转刚度）根据其在机器人结构中的位置不同而有所差异。每个伺服关节通过控制其精确的扭矩和角度位置，确保在不同任务中的高效性与灵活性。

伺服器驱动的关节结构为机器人的运动提供了物质基础，确保机器人具备精确控制位置、速度和加速度的能力。然而，要使机器人不仅具备运动能力，还能具备一定程度的通用智能，需要在硬件的基础上通过软件系统进行高效的智能行为规划与决策。通过软件架构来减少系统复杂度是实现这一目标的关键。

2.2 机器人系统设计范式

机器人系统的实现往往面临大量的传感器输入、多自由度的关节控制以及实时环境变化等复杂因素。如果不加以简化和优化，机器人系统的计算和控制复杂度将呈指数级增加，这会影响机器人的反应速度和灵活性。因此，构建具有通用智能的机器人不仅需要强大的硬件基础，还需要先进的软件架构来管理和优化机器人的感知、规划和控制。

2.2.1 层次范式

在机器人技术领域，层次范式为机器人系统提供了一种结构化的处理框架。在这一范式下，机器人系统通常采用多层架构，包括感知层、规划层和执行层等。这种分层结构使得机器人能够从底层逐步上升，进行信息处理和决策制定。

如图 2.3 所示，首先，在感知层，机器人通过传感器收集来自环境的数据，如视觉、声觉或激光雷达信息。这些感知数据会经过初步处理，如滤波和特征提取，形成更高层次的环境表示。在低层的行为控制模块（如避障模块）中，机器人根据这些信息进行基础的实时反应，例如简单的障碍物避让和路径跟随。接着，在规划层，机器人执行更复杂的任务决策，如全局路径规划和任务优先级管理。在这一层，系统需要综合分析感知层提供的环境信息，考虑状态、位置、地图及各种限制条件，生成全局的行动计划。例如，机器人需要计算出从当前所在位置到目标位置的最优路径，避免动态障碍物并优化行进时间。最终，执行层根据规划层输出的行动计划，驱动具体的机械动作以完成目标任务。此时，机器人已经拥有充分的信息用于复杂的任务执行，如精确操控机械臂完成特定操作。

虽然这种层次化决策模式为机器人系统提供了明确的模块化处理路径，并且有助于分解复杂任务，但其缺点也不容忽视。首先，层次结构可能导致信息传递延迟，各层之间的处理顺序较为固定，限制了系统的实时性与灵活性。其次，由于各层次之间的耦合较弱，层次范式在处理高度动态或非结构化环境时，可能出现反应不够灵敏、适应性不足的问题。

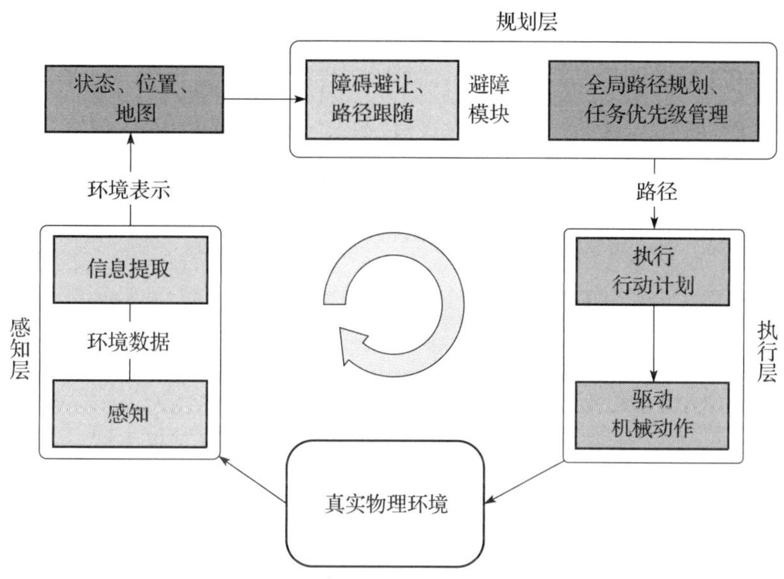

图 2.3　基于层次范式的机器人架构

2.2.2　行为范式

在行为范式下，机器人通过多个紧密耦合的“感知-行动”模块来组织其行为。这些模块能够并发运行，每个模块独立地获取本地传感数据并根据当前环境计算出最适合的动作，而无须依赖其他并行运行的过程。这种设计方式确保了每个模块能够快速响应外界变化，从而提高了系统的实时性。

如图 2.4 所示，在基于行为范式的架构中，机器人依靠多个紧密耦合的模块，如“避障”“探索”“构造地图”“识别物体”和“搜索其他机器人”，来完成不同的任务。这些模块并行运行，且各自独立，不依赖中央决策系统的直接控制。这使得基于行为的设计范式非常灵活，机器人可以迅速响应环境变化。每个模块的输出通过某种行为选择机制整合为最终的控制信号，确保机器人能够高效地执行任务。

基于行为的系统最早从简单的反应式系统发展而来，但其设计理念有所不同。与传统的反应式系统依赖符号表示和复杂的规则推理不同，基于行为的系统通过并发的简单行为之间的交互，逐步形成复杂的复合行为。每个行为模块被设计为一个独立的功能单元，代码量较少且相互独立。这种模块化设计简化了开发流程，提升了系统的可扩展性，使得在系统中增加新的传感器或行为特征变得更加便捷。在基于行为的范式中，机器人的动作更多的是对刺激的直接反应。如 Rodney Brooks 所言，“规划只是一种推迟决定下一步行动的方式”。机器人不通过内部模型进行详细规划，而是将真实世界作为“最佳模型”，直接从观察中得出行动方案。

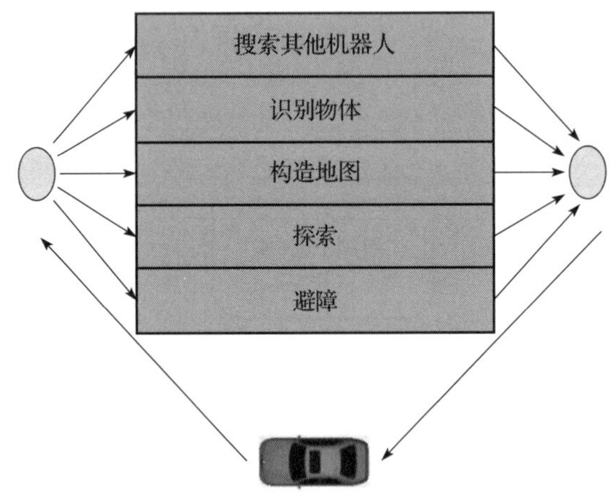

图 2.4 基于行为范式的机器人架构

基于行为的软件模型采用自下而上的设计方法，这使得机器人系统的行为结果具有一定的不可预测性。由于所有的行为模块可以并行访问传感器数据，在将各模块的输出合并为最终执行器的指令时，可能会发生冲突。为了解决这一问题，基于行为的系统通常采用动态的行为选择策略，而非早期系统中的固定优先级机制。通过灵活的选择方案，系统能够在不同情境下自动调整行为的优先级，确保最优行为被执行。

因此，每个行为单元通常被设计为状态-动作对，确保在特定的状态下做出明确的响应。在系统运行期间，通过控制策略动态调整行为模块的激活等级，以适应当前任务需求。全局控制器在关键时刻介入，确保正确的行为被激活并协调各行为模块的输出，最终实现预期的系统性能。这种设计方法不仅简化了系统的架构设计，还在冲突管理和行为选择的优化上发挥了重要作用，从而提高了系统的整体效率和稳定性。

2.2.3 混合范式

在混合范式中，机器人系统的设计结合了层次范式和行为范式两种方法，旨在同时优化任务执行的效率与灵活性。这种架构通过将复杂任务分解为子任务，同时通过行为范式来快速应对环境变化，以实现更高效的任务管理和更灵活的环境适应能力。

混合范式首先进入任务规划阶段。在这一阶段，系统通过分析任务的全局需求，制定一个高层次的任务分解策略，将复杂的任务划分为多个可管理的子任务。任务规划不仅需要考虑各个子任务的执行顺序，还需要预判环境的可能变化，并制定相应的调整策略。这种全局规划能够确保系统在执行过程中具有明确的任务导向，同时预留足够的灵活性以应对任务中可能出现的突发情况。

在任务分解完成后，机器人进入行为范式的执行阶段。在这一阶段，机器人按照规划的子任务进行执行，混合范式下的执行具有高度的实时反应能力。机器人可以通过传感器获取即时的环境信息，进行动态决策。例如，在执行任务时，机器人能够实时避障、调整速度，甚至改变行动策略以确保任务的安全与连续性。这样的反应机制使得机器人能够灵活应对环境中的突发变化，而不会中断任务执行。

此外，混合范式中传感器的组织和使用具有分层与反应式结合的特征。传感器数据不仅被直接路由到低层的行为模块，用于支持反应式控制，还可以传递到高层的规划模块，用于更新全局世界模型。例如，在一个动态环境中，传感器收集的实时数据可以反馈给规划层，帮助机器人实时调整全局策略，确保系统能够适应环境的变化。这种传感器数据的双向利用确保了从底层物理响应到顶层决策的协调一致性，使整个系统的运行更加高效。

2.3 运动控制层级

运动控制系统的分级结构旨在简化规划设计的复杂性，支持机器人从环境感知、任务理解到具体行动的逐步转换。各个控制层级之间形成了一个递进的、职责明确的关系，其中、上层的输出成为下层的输入。通过这种结构，系统能够从抽象的任务目标逐步细化为具体的运动执行，确保任务的有效完成。

2.3.1 递进规划

理想中的机器人应具备与人类互动的能力，能够遵循指令并展现出高度的智能化与通用化特性。尽管不同的硬件平台为具身智能提供了不同的本体基础，但执行器是控制具身智能各部件运动和定位的核心组件。具身智能的行为能力最终取决于控制系统对这些执行器的控制。然而，从任务需求到具体控制实现之间存在显著的技术挑战，因此采用分级的软件系统架构，通过在不同抽象层次上简化规划与控制的设计复杂度，以缩小这一鸿沟。该架构通常将控制系统分为任务级、动作级、基元级和伺服级，每个层次负责不同的功能，协同工作以确保机器人操作的高效性和任务目标的精确性，如图 2.5 所示。

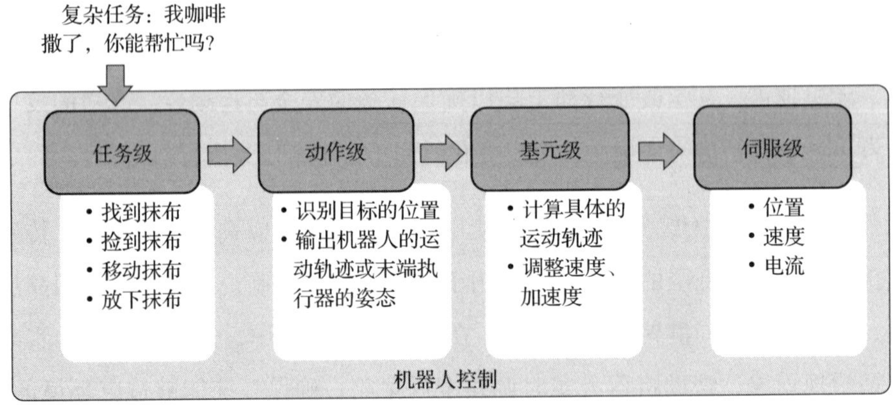

图 2.5 分级的软件系统架构

在最上层的任务级（Task Level），系统的主要职责是规划整个任务的子目标。任务级处理的是任务的全局性和抽象层次，它定义了要实现的目标以及为实现这些目标所需要分解的子任务。例如，任务级可能会规划一个复杂任务（如搬运物体），并将其分解为一系列子任务，如“抓取物体”“移动到目标位置”“释放物体”等。然而，任务级不直接参与具体的行动执行，而是将这些子任务作为输出，传递给下层的动作级。

动作级（Motion Level）负责将任务级定义的任务目标进一步分解为可执行的操作序列。在这一层次，控制系统根据环境信息详细规划每个动作的具体实现过程。例如，在执行“找到抹布”这一子任务时，机器人首先需要通过其视觉系统扫描存放区域，识别抹布的位置，并考虑路径上的潜在障碍物。接下来，动作级需要生成机器人从当前位置到抹布所在位置的路径规划，同时进行导航或轨迹规划，以计算最优路径。此时，系统还需要对末端执行器（如机械臂的抓手）的轨迹和姿态进行规划，确保其能够准确到达目标位置并执行抓取任务。动作级的输出是机器人的运动轨迹或末端执行器的姿态等信息，这些信息将在下一层级进一步处理。

接下来是基元级（Primitives Level），它负责将动作级所规划的轨迹和姿态转化成具体的、可执行的基元运动指令。例如，在处理“找到抹布”任务中基于动作级提供的路径规划，基元级需要计算具体的运动轨迹，如直线和圆弧，并应用动力学和运动学模型来优化运动轨迹，这可能包括调整速度、加速度和其他动力参数，以确保运动的平滑性和安全性。最终根据优化后的运动轨迹和动力学分析，生成具体的控制指令。这些指令包括每个关节在每个时间周期的目标角度或目标力矩，这些数据将被送至伺服系统进行实时控制。这一级别的工作对于机器人执行复杂任务至关重要，是连接高级任务规划与底层物理执行的关键桥梁。

最终的运动执行发生在伺服级（Servo Level），这是控制系统中最底层的执行级别。伺服级直接接收基元级生成的详细控制指令，并通过驱动伺服电机或其他执行器来实现实际的物理运动。伺服级负责确保运动的精确性、安全性和实时性。通过实时监控运动状态（如位置、速度和负载）以及利用反馈控制机制，伺服级能够动态调整动作，以应对可能的外部干扰或硬件偏差，确保系统能够按照预定的计划执行任务。

通过这种分级的控制架构，机器人系统得以从高层级的任务规划到低层级的物理执行形成一个完整的递进流程。每一层级都承担着特定的职能，确保系统的整体灵活性和执行精度。这种架构不仅简化了控制系统的设计，还提高了系统在动态环境中的适应性和安全性，使得机器人能够在多样化的应用场景中高效工作。

2.3.2 反应机制

人类的运动控制可以分为无意识（被动）行为和有意识（主动）行为，这种区分在机器人控制系统的设计中具有重要的启示作用。如图 2.6 所示，无意识行为是那些不需要意识干预的快速、自动化反应，例如行走、抓取物品等日常动作。这些行为的决策过程效率高，因为它们绕过了复杂的意识过程，主要由脊髓和大脑的下级中枢（如小脑和基底核）控制。相对地，有意识行为则涉及更多的思考和决策，如学习新技能、解决问题或进行复杂的协调动作，这部分功能主要由大脑皮层完成。

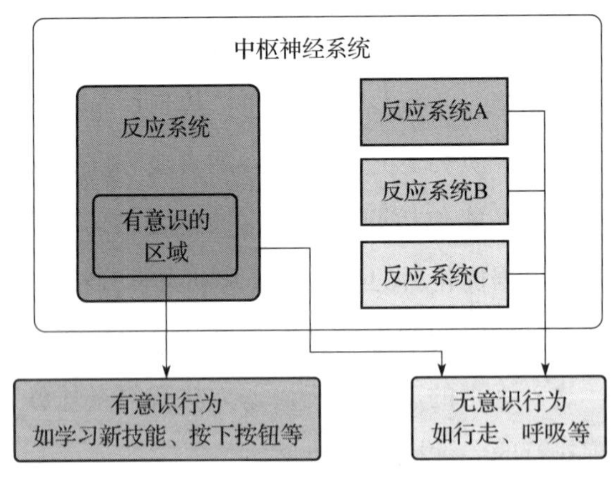

图 2.6 神经系统内意识的区域划分[㊀]

在机器人控制系统的设计中，当前的递进式规划主要模拟人类的有意识行为，通过对任务的分解和目标的规划，预测并计划每一步的可能后果，从而实现从当前状态到目标状态的平稳过渡。这种过程涉及对复杂行为的序列化设计和优化。然而，这种分级递进模型存在一定的缺陷。人类的无意识行为（如快速反应和条件反射）能够在极短的时间内高效完成复杂的调整和应对，而分级递进规划在这一方面的模拟能力通常较弱。例如，当人类面对突发事件时，会迅速做出闪避动作，或在复杂环境中通过下意识调整步态保持平衡，这些能力在目前的分级递进控制系统中难以高效实现，限制了机器人在处理紧急情况或执行高效自动化任务时的表现。

㊀ 图片来源：Insuppressible cognitions in the reflexive imagery task：Insights and future directions. https://www.frontiersin.org/journals/psychology/articles/10.3389/fpsyg.2022.957359。

为了解决这一问题，还需要一种反应机制来模拟人类的无意识行为，前文提到的行为范式，强调通过从基本反应和简单动作逐步构建复杂行为，提供了一种自下而上的设计方法。在这种范式下，可以将基元级和伺服级作为控制系统的核心部分，负责机器人处理紧急情况或执行高效自动化任务时的运动控制。例如，在应对紧急情况时，基元级可以跳过复杂的递进规划过程，直接执行预定义的反应式行为，类似于人类的反射动作。而伺服级通过反馈回路实时监控机器人的运动状态（如位置、速度和负载），并根据传感器数据做出必要的调整，从而确保机器人的运动符合预定的目标。这种反馈控制类似于人类在执行无意识行为时对外界刺激的快速反应，确保机器人在面对突发事件时能及时调整动作。

通过这种反应机制，机器人能够像人类一样，在处理突发情况时快速做出反应。例如，当机器人检测到障碍物突然出现在路径上时，基元级可以立即触发避障动作，伺服级则迅速调整执行器以完成避障动作，而无须经过复杂的任务重新规划。这种自下而上的反应式控制机制使机器人在面对复杂和动态环境时更加灵活和高效。

2.3.3　双向控制架构

人类运动控制系统是一个复杂的双向控制架构，涵盖从基本的无意识反应到高级的认知过程（如反思、学习和计划），并且两者之间存在双向交互。无意识行为向有意识行为的转变是人类行为和认知过程中的一个重要环节。当执行一个无意识行为（如自动接住一个掉落的物品）时，执行完成后，常常会对结果进行评估。这种评估既可能基于行为的成功与否（如是否成功接住物品），又可能基于行为的质量（如反应的速度和精准度）。

如果行为结果不符合预期或存在改进的空间，意识将介入，通过分析和反思该行为来优化未来类似情境下的反应。这一评估过程使得无意识行为的结果可以被记忆并加以学习，逐渐形成经验的积累。例如，当一个人在特定情境中经历了成功或失败后，这一经验会存储在记忆中，并在未来的类似场景下作为参考，帮助优化行为。这种学习机制使得无意识行为可以逐渐转变为更加适应环境的有意识行为。意识不仅会在行为后进行评估，还会在未来行为发生前进行预调整，涉及策略的改变、技能的提升或更加精细的动作控制，以确保获得更好的结果。

如图 2.7 所示，在机器人控制系统中，双向控制架构模仿了人类的这种控制模式，支持同时实现反应式控制与自上而下的规划。当前的机器人设计通常分为多个控制层次，这既是为了模拟无意识反应的快速应对能力，又是为了实现高级决策和学习能力。

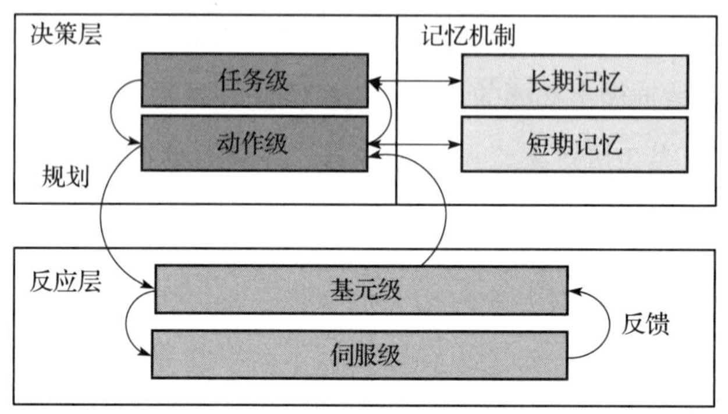

图 2.7　双向控制架构示意图

首先，反应层主要负责模拟人类的无意识反应，快速响应外部刺激，同时能够根据决策层的规划进行运动控制。例如，机器人可以通过传感器即时捕捉环境变化，并驱动执行器执行快速反应，如自动避障或调整姿态。这一层级的控制类似于人类的条件反射机制，优先保证系统在紧急或高动态场景中的安全和稳定。

决策层则模拟人类的思考和决策过程，即能够根据任务目标实现主动规划，还需要在接收到反应层的反馈后，评估当前策略的有效性，并根据评估结果调整后续行为。这通常涉及更复杂的数据处理和分析，如预测行动的长期后果、优化任务执行策略等。决策层往往依赖于高级的规划算法或机器学习模型，确保机器人能够在不断变化的环境中做出最优决策。

为了支持这种双向控制架构，机器人系统必须具备强大的信息反馈机制。该机制允许反应层和决策层之间进行实时的数据传递，并根据环境变化和执行状态进行动态调整。例如，通过传感器获取的实时数据与内部状态监控信息结合，系统能够不断调整运动轨迹或决策策略，以应对外部突发事件或执行过程中的误差。反馈机制在确保系统的高效性和灵活性方面发挥了至关重要的作用。

记忆机制在双向控制架构中也扮演着重要角色。短期记忆用于存储近期的行为，以支持系统的快速调整和反应。这种机制可以通过数据存储来实现，使得系统能够快速访问并更新相关信息，从而迅速做出调整。长期记忆则用于累积经验和知识，影响系统长期的行为模式与决策。这一功能可以通过具有学习能力的模型来实现，模拟系统从过去的经验中学习，并逐步优化其行为策略，从而在不断变化的环境中提升适应性。

因此，双向控制架构结合了双向交互反馈和记忆机制，使得系统能够在执行任务的过程中实时评估自身行为及外部反应，并根据反馈进行自我调整。通过这种不断的试错与学习过程，机器人系统不仅能够处理复杂任务，还能逐步优化其行为模式，最终达到更加智能和高效的目标。

2.3.4　分层与端到端

在机器人系统设计的分层范式中，感知、决策、规划和行动被实现为独立的功能模块。如图 2.8 所示，感知模块负责收集并处理环境信息，例如图像和传感器数据；决策模块根据处理后的信息制定行动策略；规划模块根据任务要求进行规划；行动模块则执行这些策略。每个模块通过定义清晰的接口和职责分工，优化其特定任务的执行效率和可靠性。此外，模块之间的独立性也显著提升了系统的适应性和可维护性。

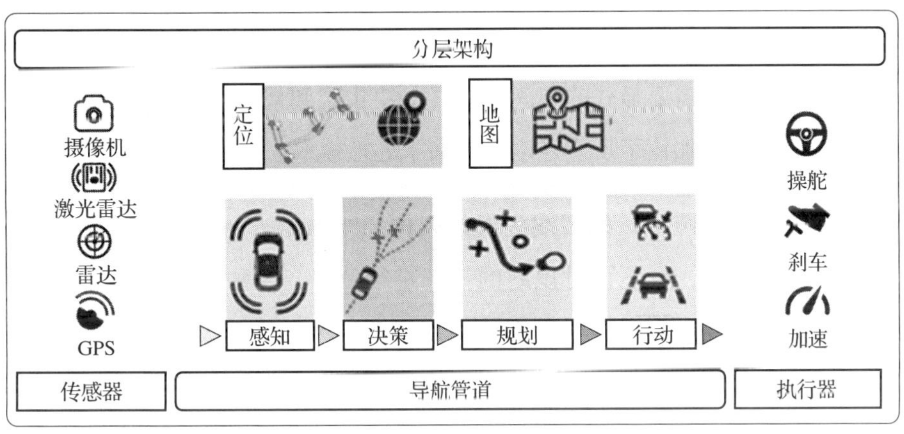

图 2.8　机器人系统设计的分层范式

端到端架构则是将传统多层次的功能区分（感知、决策、规划和行动）整合到一个统一的神经网络模型中，从而简化了整个处理流程。如图 2.9 所示，这种架构通常接受原始输入数据（如图像、声音或其他传感器数据），直接输出控制信号或决策结果，实现感知与行动的紧密结合。端到端架构的主要优势在于消除了多个处理层次间接口的需求，简化了系统设计和实施过程，使得系统能够通过训练直接学习从输入到输出的映射，减少信息传递过程中的损失，并有可能在某些应用上超越传统的多阶段处理方法。

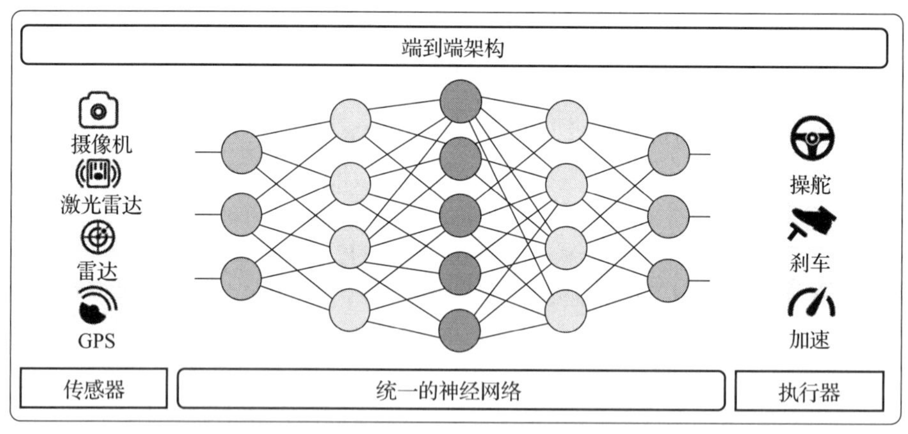

图 2.9　机器人系统设计的端到端架构

反应范式在机器人控制和自动化系统中强调快速响应外部刺激，通过简单的传感器-动作循环来实现控制。如果反应范式采用神经网络实现，则往往采用端到端架构。在这种情况下，系统不需要显式的中间步骤（如决策层和规划层），而是能够直接从感知转化为行动，极大地加快了反应速度，提高了处理效率。

当然，整个控制系统可以采用端到端的架构，即感知、决策、规划和行动到一个统一的神经网络模型中，也不再对规划的任务进行分级，这种纯粹的端到端架构在结构上虽然更加简化，但是对于不同级别的规划任务，例如任务级和伺服级，任务级规划通常涉及高层次的决策，如导航、路径规划等，而伺服级则关注于执行精细的控制，如电机控制、关节角度调整等。这两者的目标和所需控制信号差异巨大，使得单一模型难以同时有效地处理。其任务目标差距过大。

端到端模型需要大量的训练数据来捕获从感知到行动的全部映射。当涉及不同层次的任务时，这种需求更加显著，因为模型必须学习在高度异质的输入和复杂的任务目标之间进行映射。当一个网络模型同时负责处理从高级规划到精确控制的任务时，优化这样的模型通常比专门化模型更为困难，因为它需要同时优化多个不同尺度和性质的目标函数。同时，端到端模型由于其黑箱性质，使得其决策过程难以解释，这在需要高度可靠和可解释操作的机器人应用中可能是一个重大缺陷。相比之下，分层架构通过将感知、规划等功能分解为独立的模块来优化特定任务，提高了系统的透明度和可维护性。每个模块的功能明确，易于监控和调整。

为了充分利用这两种架构的优势，可以采用混合架构策略。在此架构中，规划任务可以根据控制层级被适当分级。例如，高层的任务级和动作级规划可能采用传统的分层范式，以提高规划的可解释性并降低实现成本。对于低层的基元级和伺服级，采用端到端模型可能更加合适，因为这样设计可以使系统对环境的即时变化做出快速反应。在特定情况下，如避障任务中，伺服级的控制系统能够在感知到突然出现的障碍物时，立即调整机器人的运动路径以避开障碍，从而显著提高了响应速度和系统的适应能力。

Chapter 3 第3章

基于大模型的混合控制架构

随着大模型的发展，传统机器人架构迎来了新的进展。大模型的推理能力与机器人的物理形态相结合，可以更自然地与人类及环境互动，显著增强机器人适应复杂环境的能力。在此架构中，机器人提供了硬件基础，而大模型则充当具身智能的“大脑”，提升了机器人在任务层级和动作层级的规划能力，使其智能化和通用化程度得到提升。这为机器人技术的开发提供了前所未有的机会。基础模型可以直接应用于任务级和动作级的规划中，而具身大模型则通过对基础模型的微调或重新训练，可以更好地适应特定环境和任务的需求。

3.1 大模型与任务级规划

3.1.1 基础模型

基础模型（Foundation Model）指的是在非常大规模的数据集上预训练的深度学习模型，这些模型学习到了丰富的语义信息和世界知识，可以通过微调适应各种特定的下游任务。这些模型在训练阶段不针对任何特定任务进行优化，而是尽可能从其训练数据中学习广泛的模式和知识。基础模型主要包括以下几类。

1）大语言模型（Large Language Model，LLM）：如 GPT 等，主要应用于自然语言处理任务。这类模型擅长处理和生成文本，并在机器翻译、文本摘要、问答系统等领域有广泛应用。

2）视觉模型（Vision Model）：如 ViT（Vision Transformer）、Swin Transformer 等，主要应用于计算机视觉任务。这类模型通过深度学习技术处理图像和视频数据，用于图像分类、物体检测、图像分割等任务。

3）视觉语言模型（Vision-Language Model，VLM）：如 CLIP、ALIGN 等，通过跨模态对比学习实现视觉与语言的对齐。这类模型能够理解并生成包含多模态信息的内容，适用于图文匹配、图像描述生成、视觉问答等任务。

4）视觉生成模型（Visual Generative Model）：如扩散模型（Diffusion Model）和生成对抗网络（Generative Adversarial Network，GAN）等，用于视觉信号的生成。这类模型可以生成高质量的图像、视频，应用于图像合成、图像编辑、风格迁移等领域。

5）其他多模态模型（Other Multimodal Model）：涉及多种数据模态的联合处理与学习，如音频-语言模型、视频-文本模型等，广泛用于需要多模态数据分析的复杂任务。

基础模型通常在广泛的数据源上进行训练，涵盖多个知识领域，这使得它们能在单一系统中整合各领域的信息，有效地应对跨领域的长尾任务。这些模型在具身智能的任务级与动作级规划中发挥着重要作用，尤其是在任务级规划方面，它们扮演着世界模型的角色，对任务进行有效分解。在处理较为模糊或通用的任务时，基于其强大的通用性和理解能力，这些模型简化了机器人任务的定义与拆解过程，能够自动将复杂任务分解为更易管理的子任务，并进行有效规划，从而提升机器人处理复杂任务的能力，使任务执行过程更为灵活和精确。此外，这些模型维持连续对话的能力，这对理解任务需求的变化和进行实时调整至关重要，使机器人能够与用户进行流畅的交互，及时接收反馈和新指令。借助其零样本或少样本学习能力，模型能迅速适应之前未遇到的任务，这对于长尾应用尤为重要，因为这些应用常涉及非常规任务类型，可能缺乏足够的历史数据。

如图 3.1 所示，基础模型能够直接接受自然语言指令来定义和分解任务，并自动转化为机器人可理解并执行的动作指令，不需要用户具备深入的编程或机器控制知识。

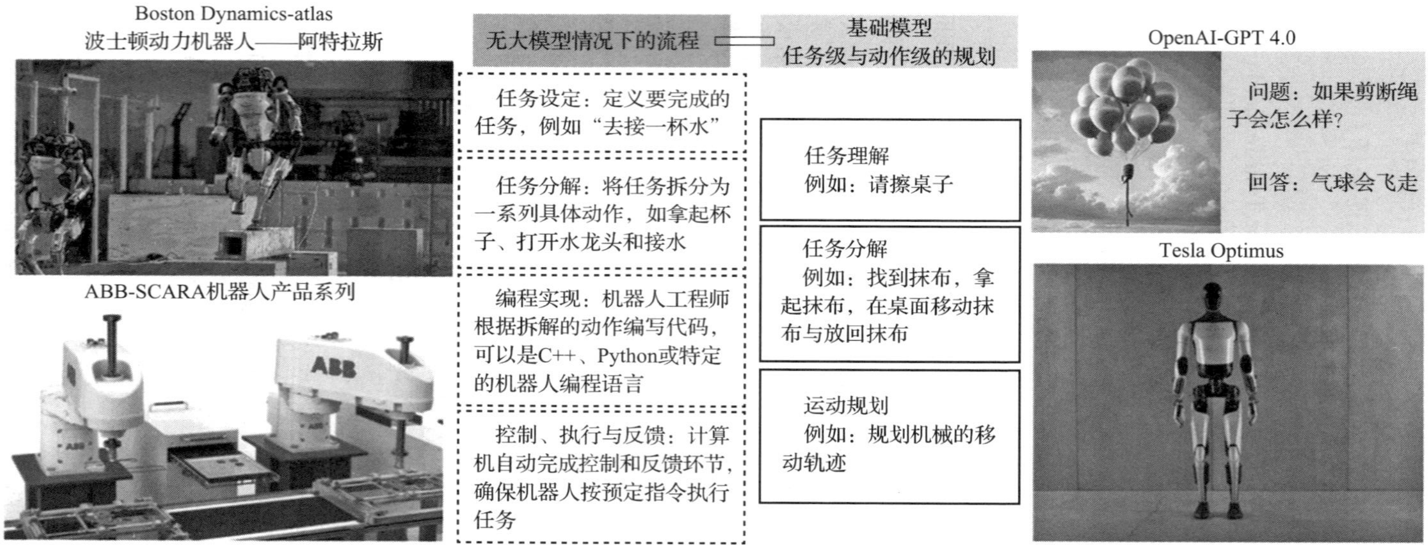

Boston Dynamics-atlas
波士顿动力机器人——阿特拉斯

ABB-SCARA机器人产品系列

无大模型情况下的流程

任务设定：定义要完成的任务，例如“去接一杯水”

任务分解：将任务拆分为一系列具体动作，如拿起杯子、打开水龙头和接水

编程实现：机器人工程师根据拆解的动作编写代码，可以是C++、Python或特定的机器人编程语言

控制、执行与反馈：计算机自动完成控制和反馈环节，确保机器人按预定指令执行任务

基础模型
任务级与动作级的规划

任务理解
例如：请擦桌子

任务分解
例如：找到抹布，拿起抹布，在桌面移动抹布与放回抹布

运动规划
例如：规划机械的移动轨迹

OpenAI-GPT 4.0

问题：如果剪断绳子会怎么样？

回答：气球会飞走

Tesla Optimus

图 3.1　基础模型在任务级与动作级规划中的作用

这种能力的提升不仅使机器人技术更广泛地普及，还扩大了机器人使用者的范围，从专业工程师扩展到日常用户。通过这种方式，机器人的应用场景得以广泛扩展，包括从工业自动化到家庭清洁和个人护理等日常生活中的辅助任务，显著提高了机器人的通用性和接受度。多模态基础模型通过进一步处理和理解多种数据类型（例如视频和音频）来增强决策支持，整合不同数据源的能力使其能提供更全面的分析结果，支持更复杂的决策过程。

3.1.2 任务级分层与端到端

采用基础模型进行任务级规划有分层与端到端两种架构，这取决于所采用的基础模型的能力。大语言模型没有视觉等多模态感知的能力，虽然有很多任务规划的抽象层级比较高，对于感知信息的依赖较少，这通常意味着规划过程中涉及的决策和行为的描述更侧重于概念和策略层面，而非具体的感知细节。但是，感知信息的缺失使其任务规划的智能性和通用性降低。图3.2列出了三种大语言模型（GPT-3、LaMDA、FLAN）对于“我把饮料洒了，你能帮帮我吗?”这个问题的回复，显示出它们虽然可以提供合理的语言建议，但缺乏实际操作的基础。因此，基于大语言模型的任务级规划必然是分层架构，这种架构需要利用视觉模型以及其他的多模态基础模型作为其感知层。

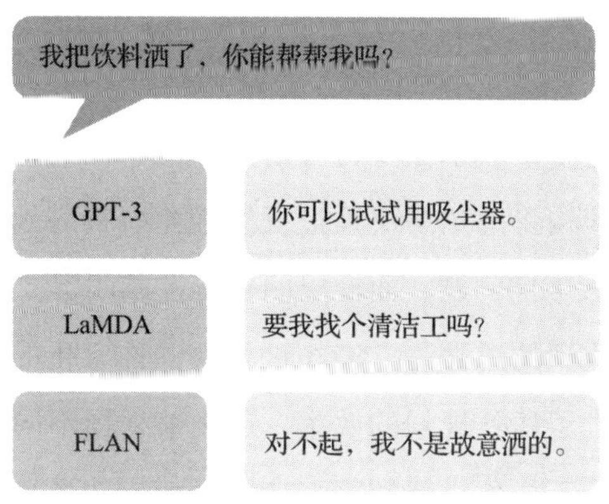

图3.2 三种大语言模型的不同回复

在这种分层架构中，大语言模型的主要职责是理解复杂的语言指令，并将其转化为高层次的任务目标和行动策略。这类模型擅长处理抽象的任务规划，能够通过解析任务指令生成宏观的策略性建议。与此同时，具体的感知处理由视觉模型或其他多模态模型（如 CLIP、DALL-E 等）承担，这些模型能够处理图像、音频或其他传感器数据，提供必要的环境信息（如物体识别、空间定位等）。这些感知信息是执行具体操作时所必需的。例如，在机器人任务中，大语言模型可能给出“拾取最近的工具”的指令，而视觉模型则负责识别视野中的具体工具，并引导机械臂进行精确的抓取。

在任务规划中，具备视觉感知能力的基础模型（如视觉语言模型）虽然可以采用端到端架构直接从感知到子任务分解，但在复杂的具身智能场景中常常面临一些限制。这些限制主要来源于基础模型的训练目标和设计并非针对特定的机器人应用场景。因此，尽管这些模型具备较强的视觉感知能力，它们在应对机器人任务中的环境理解和物理交互需求时，可能无法完全胜任。而在分层架构中，基础模型可以利用专门的感知模型来处理特定类型的数据输入，例如通过 RGB-D 摄像头或激光雷达（LiDAR）获取的 3D 空间信息。这些感知模型经过专门设计，能够更加准确地完成如深度感知、物体识别和空间定位等任务，这些任务是通用的视觉语言模型难以精确完成的。当然，通过微调的方式，可以提升多模态基础模型对于特定任务的感知能力，但通常不会专为增强特定的任务规划感知而重新训练基础模型。重新训练大模型的成本极高，且可能导致模型的通用性下降。

此外，任务级规划更多依赖于模型自身的推理能力而非单纯的感知能力。在任务规划场景中，通过分层架构将感知与决策过程解耦是一种有效的设计方式。高层的策略制定主要关注“做什么”的问题，而低层的执行控制则解决“如何做”的问题。这样，高层的规划模块接收到的通常是已经经过处理并抽象化的信息，而非原始的感知数据。这种设计不仅提升了任务规划的效率，还能够根据不同任务的需求灵活适配多种感知模块。通过这种分工协作，感知模型专注于低层的环境信息处理，而高层的决策模块则基于抽象的感知结果进行规划与推理，系统便可以更高效地应对不同的任务场景，实现对复杂环境的适应与操作。

3.2　大模型与动作级规划

在任务级规划中，根据任务目标分解多个子任务，动作级规划负责解析这一子任务目标，并规划出一系列具体的动作步骤来实现这一目标。

3.2.1　直接动作规划

直接动作规划涉及机器人本体运动以及末端执行器在时间维度上轨迹与姿态的变化。例如，机器人在行进过程中，其位置和重心的变化可以视为轮式或足式运动末端的移动，而在执行抓取与操控任务时，动作规划则关注于末端执行器或夹具的轨迹与姿态变化。精确控制末端执行器的位置、速度、加速度和姿态，对执行复杂任务（如手术、装配等）至关重要。

动作规划不仅需要确定要执行的动作类型，还需要规划这些动作的执行时机、持续时间和执行顺序。因此，动作规划不仅仅是静态的位置规划，更涉及动态的时间序列管理。为了应对复杂和不断变化的操作环境，动作规划通常依赖于机器人的感知系统输入，如视觉、触觉和其他传感器数据，从而能够根据环境的变化实时调整动作计划。特别是在抓取与操控任务中，规划不仅需要确保物体的安全握持，还要考虑避免碰撞以及优化动作执行的效率。如图3.3所示，机械臂末端执行器（通常是夹具或工具）的运动轨迹通过虚线标记，轨迹由三个圆圈标记，这些圆圈表示运动过程中关键的路径点（关节或末端执行器在某些特定时间点的位置）。

在利用大模型直接规划末端执行器的轨迹和姿态时，需要生成从当前位置到目标位置的连续运动轨迹，其中包括每个时刻的位置、速度和加速度信息。这种方法能够直接为机器人的运动控制提供详细的指令，简化了从规划到执行的复杂转换，特别适用于需要快速响应的应用场景。然而，该方法面临的主要挑战是如何将连续的关节参数（如角度、速度和加速度）离散化，转换为大模型能够处理的离散token。

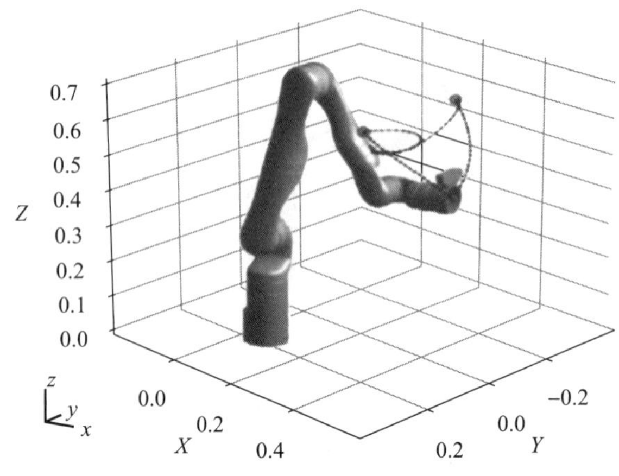

图 3.3 机械臂末端执行器的运动轨迹

离散化的过程本质上是将连续的参数空间划分为一系列离散区间。例如，假设一个关节的角度范围为 0 到 180°，可以将其划分为 18 个离散区间，每个区间为 10°。每个区间对应一个离散 token，如将 0~10°映射为 token1，170°~180°映射为 token18。通过这种方式，模型可以使用离散 token 来表示和处理关节角度信息，从而生成复杂的动作序列。速度和加速度信息也可以通过类似的方式进行离散化，确保模型能够高效地处理这些连续的参数并生成合理的运动控制序列。

这种离散化使得大模型能够将复杂的连续运动控制任务转化为可以处理的离散 token。然而，这一过程带来了一定的局限性。首先，离散化可能导致控制精度的下降，尤其是在需要高精度控制的场景中。其次，离散化还可能引发 token 稀疏化的问题，尤其是当控制参数的范围较大时，这会影响模型的泛化能力和执行效果。此外，大模型在处理离散化后的数据时，可能会产生不可避免的误差，包括对输入数据的误解或生成不合理的“幻觉”，这会进一步影响动作规划的有效性与可靠性。

各种机器人和自动化设备通常具有不同的硬件结构。这些硬件结构的差异主要表现在关节的数量、类型（如旋转或滑动关节）以及它们的运动范围和能力上。当使用大模型直接输出机器人末端执行器的轨迹或状态时，还需要特别考虑机器人的具体物理结构，尤其是在执行精细的操作任务（如抓取任务）时。这类任务不仅依赖于机器人本身的运动能力，还涉及执行器的特殊设计和功能，例如夹具或机械手的具体构造。由于机器人硬件结构的多样性，训练一个能广泛适用于所有类型具身智能设备的通用大模型面临着巨大的挑战。大模型在处理不同机器人的结构时，往往还需要进行特定的调整和优化，以适应不同机器人的硬件需求和控制约束。

3.2.2　间接动作规划

间接动作规划是指通过大模型来生成机器人末端动作规划的辅助信息。例如，对于末端执行器的抓取操作，大模型可以评估并推荐被抓取对象的最佳抓取位置，这对于处理形状复杂或不规则的物体时尤为关键。模型还可以输出用于计算成本函数的相关信息，如路径长度、能量消耗、碰撞概率或预计完成时间等多个因素。这些信息有助于规划系统评估并选择代价最低的路径，确保机器人运动的效率和安全性。此外，模型还能提供与空间占用图相关的信息，如图3.4所示，这类信息是环境中空间占用情况的视觉表示，通常用于自主导航中的避障和路径规划，在动态环境中表现非常出色。

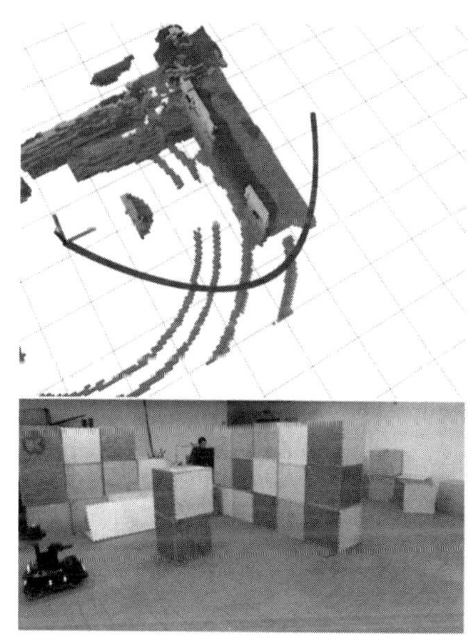

图3.4　自主导航中的空间占用图[㊀]

㊀ 图片来源：Learning-based 3D Occupancy Prediction for Autonomous Navigation in Occluded Environments，https://arxiv.org/abs/2011.03981。

在末端动作规划中，航点、抓握点等辅助信息与具体机器人的物理架构具有相对独立性，可以使大模型在不依赖特定机器人本体的情况下进行预训练。例如，可以从视频资料中获取人类与环境的交互数据（如关节运动信息或其他姿态信息），从而训练出能够理解并预测运动姿态变化的通用具身大模型。

3.2.3 动作级分层与端到端

动作级规划是将抽象的任务指令转换为具体的末端执行器的运行轨迹与姿态。与任务级规划相比，采用基础模型进行动作级规划面临更多的挑战。从输出的角度分析，动作级规划涉及的输出如关节角度、力矩或抓握位置等，这些参数通常不具备语义意义或高度的可组合性。这些输出参数的特点使得基础模型很难直接应用于动作级规划，因为这些模型大多是为处理具有明显语义的信息而设计的。对这些模型进行特定的动作数据微调是必需的，但这种微调往往不能完全解决问题。有时候，可能需要利用大模型在其他领域的能力（如编程或调用外部模型）来间接实现动作级规划的需求。

从输入的角度来看，机器人的动作级规划依赖于多种类型的传感器数据，包括视觉、触觉、力矩和位置传感器。这些传感器为机器人提供感知环境和自身状态的能力，是实现精确动作级规划的关键。然而，基础模型在预训练过程中往往没有考虑到动作级规划的特殊性，其数据集中可能缺乏足够的、针对具身应用的传感器数据。因此，现有模型在处理传感器数据时可能表现不佳。

考虑到这些具有挑战性的挑问题，采用基础模型难以实现端到端的动作级规划。采用分层架构，结合专门的感知模型，可以解决一部分输入的感知问题，并利用基础模型的推理能力生成辅助的运动规划信息，这种方法相比完全重新训练具身大模型更能节约成本。然而，这种分层架构也有其局限性，例如在信息传递过程中可能出现的数据丢失和错误累积问题。

因此，针对具身动作级规划的需求，通过收集特定的动作数据，采用预训练的方式开发端到端的具身大模型，是一个主要的发展方向。这种方法能够直接针对动作级规划的特定需求进行优化，在未来机器人技术中将发挥重要作用。

3.2.4 具身大模型

具身大模型是专门针对具身动作级规划进行微调或训练的模型，使其更适应特定的操作环境和任务类型。例如，在机械臂的动作规划任务中，模型可以通过特定的调整和优化，提升其在该类任务上的表现。具身大模型的训练过程通常依赖于收集特定的机器人操作数据，包括通过模拟器生成的数据或实际机器人执行任务时记录的数据。通过这种数据，模型能够学习完整的决策、感知与行动过程，从而在没有人类直接干预的情况下独立完成复杂的任务。

需要注意的是，具身大模型与基础模型的概念经常被混淆。基础模型拥有大量参数，能够处理多种复杂任务，如自然语言处理、图像识别等。这类模型的训练数据类型广泛，结构复杂，应用范围广，因此，基础模型主要用于任务级规划或间接动作规划。具身大模型则不同，它主要应用于动作级规划，这类模型更依赖于带有标签的训练数据，其输出直接影响机器人或系统的物理动作，因此对可靠性和实时性的要求更高。

在应对复杂的物理环境时，具身大模型仍面临动作级规划的诸多挑战。无论是针对末端执行器的轨迹规划，还是辅助的轨迹信息（如价值图）规划，虽然这些技术能够在一定程度上克服物理形态对通用动作级规划的限制，但数据匮乏问题仍然是影响模型性能的关键因素。为了解决这一问题，通常采用模拟学习或仿真技术生成大量高质量的训练数据。这些方法不仅有效扩展了数据集的多样性，还能够在安全、可控的环境中进行试验，降低在真实世界中进行试错的成本。GROOT 通用具身大模型如图 3.5 所示，其训练过程集成了多种数据源，包括语言指令、视频观察和动作演示。这些多模态输入数据为模型提供了丰富的信息来源，从而使其能够实现复杂的动作级规划任务。

GROOT 大模型的核心优势是它能够通过观察和模仿学习人类行为。为了克服具身智能系统在应对不同物理形态时的挑战，GROOT 大模型结合了逆向运动规划（Inverse Motion Planning）技术。这一技术通过从目标状态回推必要的动作序列，能够有效适应不同类型的身体机械结构，并优化动作执行过程。通过这种方式，GROOT 大模型在多样化的物理环境中提高了其适应性和动作规划的精确性。

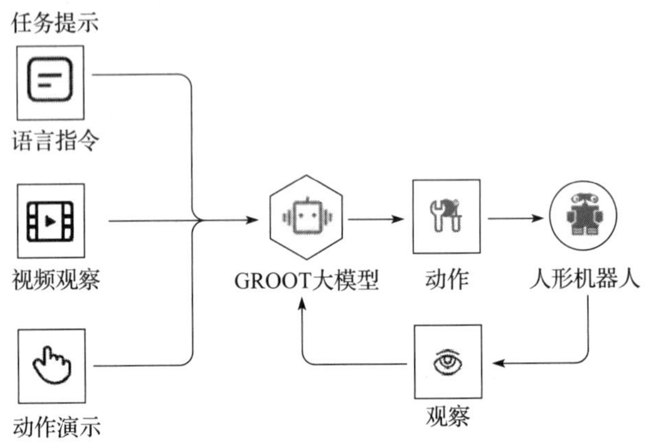

图 3.5 GROOT 通用具身大模型

3.3 基元级与伺服级

基元级与伺服级的动作规划通常并不依赖大模型技术，但在具身运动架构的设计和理解中至关重要。基元级通常通过正向或逆向运动学的计算来生成关节参数等运动信息，而伺服级则更接近硬件，负责将基元级输出的高级指令转化为具体的控制命令。

3.3.1 正向运动学的计算

正向运动学（Forward Kinematics，FK）是机器人学中的一个基本概念，用于描述如何根据机器人的关节参数（如角度、滑动距离等）来计算机器人末端执行器（如机械手、工具等）在空间中的位置和方向。正向运动学主要涉及从已知的关节配置出发，通过机器人的几何特性推导其末端执行器的位置和姿态。

正向运动学的计算基于机器人的“运动链”。机器人通常由一系列通过关节相连的连杆组成，每个关节的运动（如转动或平移）将直接影响到整个链条的配置。运动学的目的是根据这些关节的运动状态来确定末端执行器在三维空间中的确切位置和朝向。

在如图 3.6 所示的例子中，假设机械手臂是由 3 个杆件和关节所组成的。3 个杆件为 l_1、l_2、l_3，3 个关节的角度分别为 θ_1、θ_2 和 θ_3，机械手末端的空间坐标为 $P=(x,y,z)$。在正向运动学中，位置 P 是由连杆长度以及关节角度共同决定的。这种计算通常涉及矩阵变换的序列，每个关节和连杆的变换都依赖于其长度和角度。

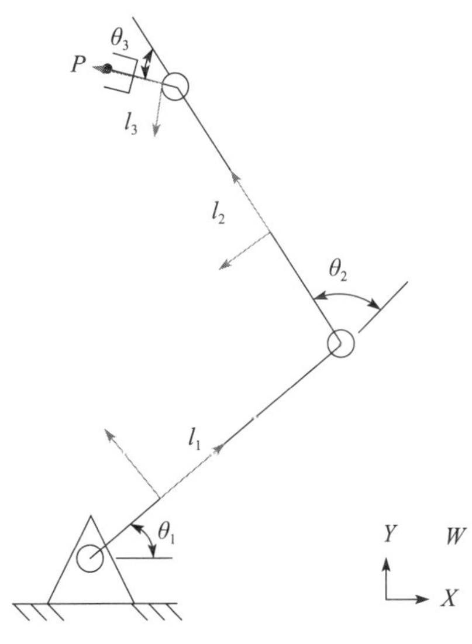

图 3.6　机械手臂的正向计算示意图

正向运动学的计算通常使用矩阵变换来完成。这些变换矩阵描述了从一个连杆到下一个连杆的坐标转换，包括平移和旋转。这些变换可以表达为齐次变换矩阵，它将一个关节的坐标系转换到另一个关节的坐标系。计算从基座到末端执行器的整个链路的变换，就是将这些矩阵从基座开始依次相乘。在上例中，如果用 T_i 表示从第 $i-1$ 个坐标系到第 i 个坐标系的变换矩阵，则整个链条的变换可以表示为：$T=T_1 \cdot T_2 \cdot T_3$。其中，$T_i$ 可能包含旋转和平移部分，具体形式如下：

$$T_i=\begin{bmatrix} \cos\theta_i & -\sin\theta_i & 0 & l_i\cos\theta_i \\ \sin\theta_i & \cos\theta_i & 0 & l_i\sin\theta_i \\ 0 & 0 & 1 & 0 \\ 0 & 0 & 0 & 1 \end{bmatrix}$$

在实际应用中，采用正向运动学计算的基元级动作规划使得我们能够预测机器人在执行特定任务时的行为轨迹。这为机器人精确控制奠定了理论基础，是高效、自动化操作中不可或缺的组成部分。但是，正向运动学涉及机器人的整个“运动链”。即使只有一个关节的参数发生变化，这种变化也会对从该关节到末端执行器之间所有连杆的位置和方向产生影响。也就是说，机器人的每个关节参数（如角度、长度）决定了下游连杆的起始位置和方向，这些关节的运动会直接影响到其后续连杆的相对位置和姿态。因此，正向运动学的计算需要各关节的全部信息，以便精确推导出末端执行器的位置和姿态。

3.3.2 逆向运动学的计算

逆向运动学的目标是根据机器人末端执行器的预定位置和姿态，求解出相应的关节配置，使末端执行器能够精确到达目标位置和方向。在机器人运动控制的层级体系中，动作级负责生成末端执行器的目标位置或运动轨迹，而基元级则通过逆向运动学进行计算，将这些目标转化为各个关节的具体角度或位置参数。这一过程被称为逆向规划，因为它是从最终目标（末端执行器的位置和姿态）反推出关节的配置。与正向运动学不同，逆向运动学由于机器人多自由度关节的复杂性和连杆结构，通常更具有挑战性。它可能存在多重解，也可能无解，或者需要考虑额外的约束条件，例如关节角度限制、障碍物回避等。在这种情况下，逆向规划成为关键步骤，确保机器人在执行复杂任务时能够保持运动的精确性和一致性。

解决逆向运动学问题的方法主要包括以下几类：

1）解析方法。解析方法通过数学公式直接计算出关节参数。该方法的优点是计算效率较高，但通常仅适用于结构简单或具备特定几何特性的机器人。

2）数值方法。对于大多数结构复杂的机器人，数值方法常被采用。数值方法通过迭代逼近来解决问题，通常需要多次迭代计算以找到满足精度要求的解。然而，这种方法在某些情况下可能会陷入局部极值，导致收敛到不理想的解。

3）优化方法。优化方法也是一种常用手段，它将逆向运动学问题转化为一个优化问题，通过最小化某个目标函数（如末端执行器位置与目标位置之间的误差）来寻找最佳的关节配置。优化方法的优势在于它能够处理复杂的约束条件，如关节限制和避障等问题。

由于逆向运动学问题具有高度非线性和多解性的特点，传统的解析和数值方法在某些复杂场景下的应用受到限制。近年来，随着深度学习技术的快速发展，基于神经网络的方法成为解决逆向运动学问题的有效工具。这类方法通过数据驱动的方式学习关节配置与末端执行器位置之间的映射关系，能够在复杂环境中高效求解，进一步拓展了逆向运动学问题的应用领域。

3.3.3　伺服级控制

伺服级在机器人系统中负责执行基元级计算出的关节参数，紧密贴近硬件层，负责将基元级传递的高级指令转化为具体的控制信号，如电机的驱动信号，从而确保指令的精确执行。伺服级不仅进行位置控制，还处理复杂的动力学问题。例如，当机器人与物体接触时，伺服级需要基于外部反馈动态调整关节的输出力，以避免在接触过程中损坏物体或失去控制。当系统遇到外部扰动或负载变化时，伺服级通过动力学补偿机制调整控制策略，维持系统的稳定性和性能。伺服系统通常集成了多种传感器，如力传感器、扭矩传感器和加速度计，实时监测机器人的动态，并根据这些数据调整控制参数，确保机器人在复杂环境中的安全、可靠运行。

在如图 3.7 所示的机器人系统中，机器人由三部分组成：抓取器、机械臂和底座。该系统的伺服级控制集成了传感器，如扭矩传感器和关节速度反馈信号，用于实时监测各关节的动态。每个部分的伺服控制均需根据外部反馈进行动态调整，以确保在任务执行过程中的精确性和安全性。

例如，图 3.7 中的机械臂具有 6 个自由度，每个关节的位置由一个控制信号调节，同时通过 6 个扭矩反馈信号监测各关节的实际状态。在任务执行过程中，例如在搬运物体时，若遇到外部干扰或负载变化（如物体重量增加或遇到阻力），伺服级会通过动力学补偿机制调整关节的输出力。此时，伺服系统根据扭矩反馈信号实时调节关节的扭矩，确保机械臂能够维持稳定的姿态并成功完成任务。通过这种动力学调整，伺服级有效地避免了因负载变化导致的姿态不稳定或超出扭矩限制的情况。

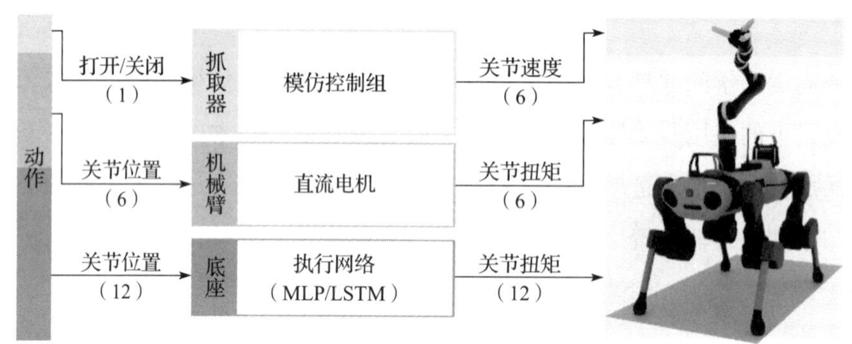

图 3.7　具身机器人的伺服级控制系统架构图

机器人伺服级控制可以通过多种方法实现。常见的控制方法包括 PD 控制、基于物理模型的控制以及神经网络控制。PD 控制是一种经典的反馈控制方法，基于当前位置和目标位置的误差计算控制信号，驱动关节达到目标位置。其优势在于简单性和稳定性，适用于实时控制任务。基于物理模型的控制则基于动力学方程，考虑力、扭矩、惯性和摩擦等因素，更适用于高精度任务，但计算复杂度较高。神经网络控制通过深度学习模型学习系统的动力学行为，适合处理复杂的非线性系统和高维度数据，尽管它需要大量的训练数据和计算资源。无论采用何种控制方法，伺服级的控制都必须满足基元级规划的精度要求，并确保整个系统能够顺利执行任务。

3.3.4　端到端控制网络

在具身智能控制系统的实现中，采用单一的深度学习网络来同时实现基元级和伺服级控制已成为一种主要趋势。通过强化学习训练的网络接收环境状态（如机器人的速度、关节位置等），直接输出伺服级的控制参数，这些参数包括关节位置、扭矩等低级控制信号，实现了从感知到物理动作的端到端映射。

这种模型不仅涵盖基元级的规划功能，即根据动作级规划的轨迹或姿态目标结合环境感知和自身状态信息生成关节参数等运动信息，还同时处理了伺服级的执行功能，负责根据规划结果输出执行器控制信号，完成具体动作，从而将基元级规划与伺服级控制的功能整合到同一个深度学习模型中，实现了端到端的控制。

采用强化学习方法来训练控制网络，其中一个关键组成部分是奖励函数的设计，它定义了动作策略的好坏，进而引导网络通过调整参数来最大化奖励。例如，在具身智能的行走任务中，奖励函数可以基于机器人接近目标位置的速度、路径的有效性（如最短路径或最少耗时），并且需要避免碰撞和无效动作。通过采用先进的强化学习算法，如近端策略优化（PPO），可以提高学习的效率和输出策略的有效性。这些算法能够适应复杂环境下的自适应控制需求。此外，模拟器技术的进步也为训练提供了强有力的支持，域随机化和环境噪声的引入使得模型在不同操作条件下展现出更好的泛化能力和鲁棒性。

因此，通过强化学习训练包含基元级和伺服级功能的端到端控制网络，使具身智能的运动控制能够在复杂的动态环境中实现高度的适应性，是当前机器人技术发展的一个重要趋势。

3.4　具身智能分级混合架构

在基于大模型的具身智能中，分级混合架构正逐渐成为领域内的共识。这种架构将不同层级的任务分配给各自最适合的模型或算法，如图 3.8 所示，基础模型用于高层次的任务规划，解决了长期困扰任务级规划的世界模型问题，负责较为抽象的策略制定和任务分解；而动作级规划则依赖专门微调或训练的具身大模型，专注于将这些任务级指令转化为具体的可执行运动路径和动作序列。同时，低层次的基元级和伺服级运动控制通常通过其他专用的神经网络实现。

在实际应用中，任务级和运动级的规划既可以通过分层架构实现，又可以通过端到端架构实现，形成复杂的组合。而在基元级和伺服级层面，通常会采用同一个控制程序或神经网络来实现即时反应与精确动作执行。通过这种混合架构，基于大模型的具身智能系统不仅能够在高层次的任务规划中进行复杂分析和决策，还能够在低层次的运动控制中实现高效、精准的执行。这种设计大大提高了系统的灵活性与适应性，优化了从感知到行动的全流程，显著提升了系统的整体性能和实用性。

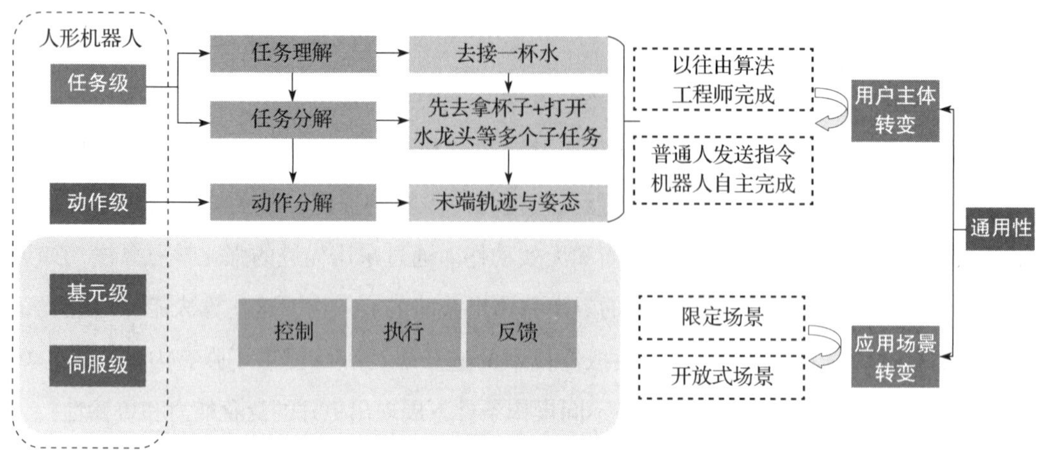

图 3.8 机器人任务执行与控制流程框架

Figure 系列机器人采用了一种标准的分级混合架构，将大模型用于高层次的决策和任务规划，同时利用特定的神经网络策略和全身控制器进行具体的行为执行。如图 3.9 所示，用户通过语音输入请求，语音转文字技术将语音指令转换为文本形式。OpenAI 的 GPT 大模型作为任务级的规划器，能够接受多模态输入，如来自机器人视觉传感器的图像数据，并结合文本进行语义分析与场景理解，生成高层次的任务规划。随后，该任务规划被转换为具体的子任务行为指令，用于指导机器人的执行过程。

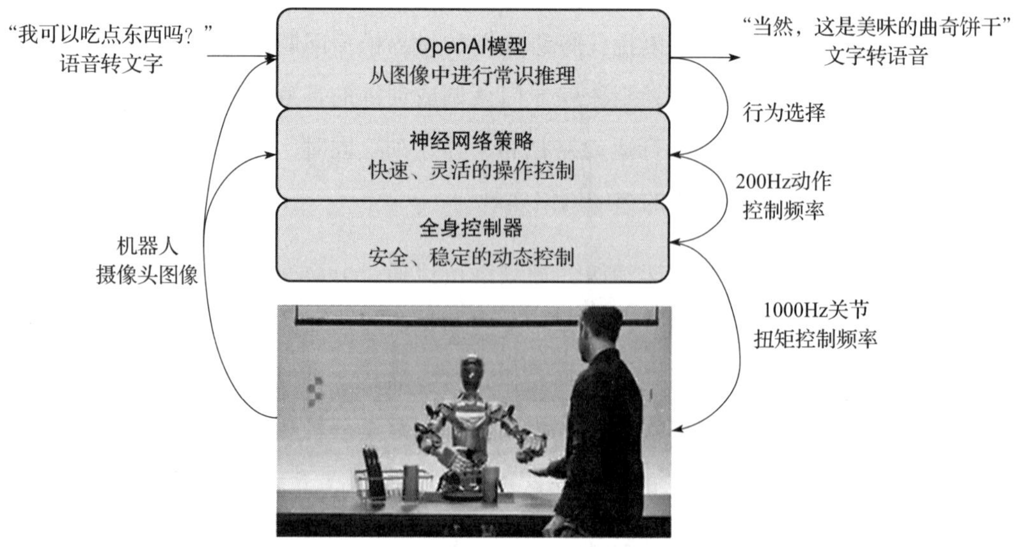

图 3.9 基于 OpenAI 的 GPT 大模型的机器人语音理解与行为控制流程

从运动规划的层级角度来看，行为指令的执行过程可以划分为动作级、基元级和伺服级规划。根据 Figure 系列的相关视频显示，其动作级规划采用名为“神经网络策略”的神经网络模型来实现机器人的快速、灵活的操作控制，而“全身控制器”负责基元级和伺服级的控制。Figure 系列的设计文献虽然没有披露，但可以推测其“神经网络策略”可能是基于 Transformer 模型的具身大模型。而“全身控制器”则是通过强化学习训练的深度学习网络，根据动作级规划从多种传感器数据（如视觉、触觉）中学习如何控制机器人的手臂和身体，以完成任务，确保执行过程中的稳定性和安全性。

如图 3.9 所示，Figure 系列机器人架构的一个显著特点是控制信息的双向流动，不仅依赖单向指令传递，还能对场景变化进行反馈调整。大模型与神经网络策略及全身控制器紧密结合，能够根据任务规划的执行反馈，实时调整规划内容。这一机制类似于人类的运动控制，通过不断修正来适应动态环境的变化。

此外，机器人控制系统的实时性要求系统在预定或保证的时间内完成其功能，并对外部或内部的同步或异步事件做出响应。系统的正确性不仅依赖于计算的逻辑结果，还要求时间的确定性。通常，机器人的底层控制频率非常高，以确保控制的精度和动作的平滑性。图中的动作控制频率达到 200Hz，关节扭矩控制频率达到 1000Hz，以满足复杂任务的实用性需求。

因此，基于大模型的具身智能系统在高层次的控制级别（任务级、运动级）使用大模型进行任务分解和动作规划，而在低层次的控制级别（基元级、伺服级）则采用基于端到端神经网络或基于物理模型的预编程方法进行精确的动作执行。这种分级融合策略能够有效结合各自技术的优势，提升机器人系统的整体性能、实用性和适应性。

Chapter 4 第 4 章

具身任务级规划

在现实世界的场景中，环境通常表现出复杂性和不可预测性，这对于单步规划方法来说是一个重大的挑战。与此相对，人类在处理复杂任务时展现出了将其分解为若干更简单的子任务的显著能力，这种方法类似于众所周知的“分而治之”策略。在具身智能中，任务分解涉及较高的抽象层级，其中大模型扮演着世界模型的角色，能够有效地对任务进行分解。在这一过程中，大模型主要依赖于常识和事先训练好的知识，使其成为解决问题的理想选择。

4.1 任务分解

在具身智能中，任务分解由大模型来实现，通常包括两个核心步骤：首先是分解，即将复杂任务拆解为多个子任务；其次是子任务规划，即根据每个子任务的目标进行具体的动作规划。

如图 4.1 所示，任务分解的方法主要分为两类：广度分解和深度分解。广度分解方法先将任务全面地分解为若干子任务，然后依次为每个子任务进行动作规划。其优点在于建立了子任务与原始任务之间的紧密关联，减少了出现任务遗忘或幻觉的风险。

然而，由于子任务在一开始就被全部确定，这种“静态”分解可能缺乏对动态环境的灵活性。相比之下，深度分解涉及任务分解和子任务规划的交替进行，每次只揭示当前状态下的一到两个子任务。该方法根据环境反馈动态调整分解策略，提高了系统的容错能力。然而，对于复杂任务，过长的动作规划可能导致大模型在后续子任务和动作级分解中出现幻觉，偏离原始目标。

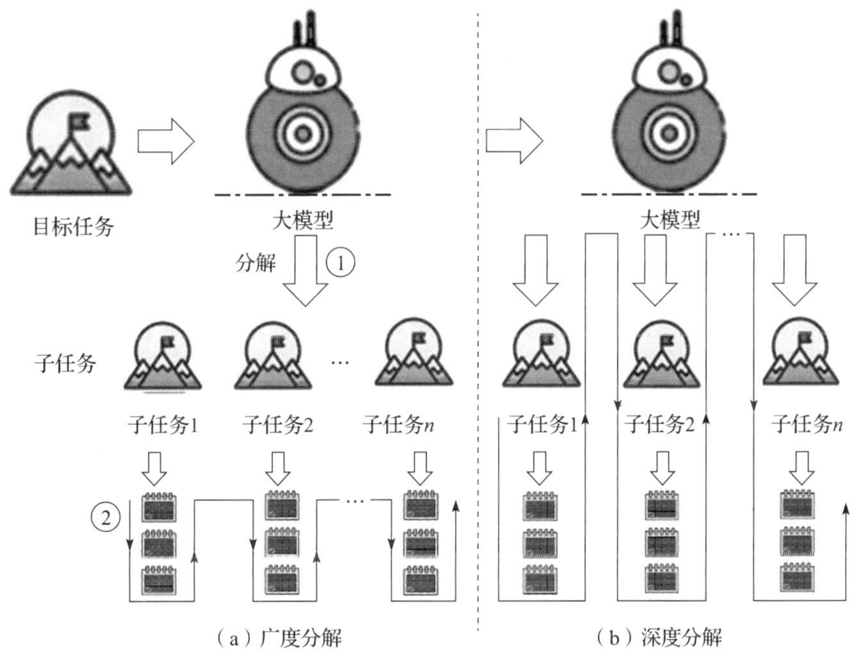

图 4.1　广度分解与深度分解[㊀]

在运动控制的层级结构中，任务级规划对应任务分解步骤。例如，对于“擦拭桌子”这一任务，任务级规划需要理解任务目标，并根据当前环境和自身状态将其分解为若干子任务，如找到抹布、拿起抹布、在桌面上移动抹布以及放回抹布。此层级的规划主要涉及任务的抽象定义及策略设定。相应的动作级规划对应子计划步骤，具体的动作执行则依赖于更低层级的基元级和伺服级的实现。这些低层级主要处理运动控制的技术细节，通常由控制算法和硬件直接管理。这种层级化的处理方式允许复杂任

㊀ 图片来源：Understanding the planning of LLM agents：A survey，https://arxiv.org/abs/2402.02716。

务在不同抽象层级上被有效地管理和执行。

在具身智能的架构实现中，任务级规划与动作级规划通常由不同类型的大模型负责。任务级规划通常采用广度分解与深度分解相结合的方法，即在进行任何具体的动作规划之前，大模型首先采用广度分解将整体任务分解为若干子任务。这种方法允许系统在深入到详细的动作级规划之前，对整体任务有全面的理解和分析，从而制定出合适的策略和顺序来逐一完成这些子任务。

然而，广度分解的子任务在开始时就已确定，虽然具有规划清晰、结构化的优势，但同时可能导致缺乏灵活性。在动态和不可预测的环境中，需要能够实时监测执行环境和任务进度，并通过反馈机制和深度分解机制调整子任务的优先级或进行重新划分。例如，当检测到某一子任务的难度超出预期时，大模型可以重新分配资源或进一步将其细分为多个更易管理的任务。

举例来说，当清洁机器人执行“清理房间”任务时，任务级规划模型可能首先将其分解为“清扫地面”“整理物品”和“擦拭表面”等子任务。每个子任务随后被传递给动作级规划模型，负责详细规划如何执行这些操作。如果在执行过程中发现某个区域特别脏，大模型可能临时增加“重点清洁”作为新的子任务。这样的动态调整机制使具身智能系统能够更灵活地应对实际环境中的各种情况，有效处理未预见的问题。

为提高任务执行的效率和质量，负责动作级规划的大模型也需要具备高度的适应性和精确性。它不仅需要根据任务级模型的指令执行精确的动作，还需要实时监控执行过程中的环境变化和物理限制，并在必要时进行即时调整。例如，如果清洁机器人在清扫过程中遇到意外障碍，动作级规划需要迅速重新规划路径，确保任务的连续进行。

此外，任务级和动作级之间的协同至关重要。通过有效的通信机制，这两个层级的模型可以互相提供反馈信息，增强任务执行的整体协调性。例如，动作级模型在遇到执行困难的任务时，可以反馈给任务级模型，后者则可能重新评估和调整任务的优先级或分解策略。

这种分解策略的优势在于优化了任务执行的效率和有效性。大模型可以在高层次上先确定并优化任务执行的策略，再细化到具体的执行动作。通过将复杂任务分解为更小、可管理的单元，既提高了问题解决的灵活性，又增强了系统的可靠性。

4.2　任务级分层与端到端架构

4.2.1　感知与规划

具身智能的任务级规划依赖于环境感知和常识推理的结合，以应对复杂的任务需求。环境信息的获取依赖于集成的感知系统，包括对象识别与场景理解。对象识别是指通过视觉检测系统，智能体能够识别环境中的物体及其位置。场景理解则进一步分析物体之间的空间关系及其可能的交互。这些信息对于任务规划至关重要，因为它们帮助具身智能准确理解其所处物理世界的状态，并推断如何与环境中的物体进行交互。例如，若任务为“将书放回书架”，具身智能需要感知书和书架的具体位置。

除了实时的环境信息，任务级规划还依赖于广泛的常识与先验知识。例如，任务解析涉及将自然语言指令转化为具体的行动步骤，而这通常依赖于对指令语义的深入理解。策略推断则基于常识，推断出执行任务的最佳策略路径。例如，在“准备晚餐”任务中，规划过程需首先确定处理食材的顺序。任务级规划架构主要分为分层架构与端到端架构，二者的区别在于感知与规划之间是否分离。

4.2.2　分层架构

在分层架构中，任务级规划通常依赖于 LLM 进行决策，而感知则交由独立的视觉模型或多模态模型处理。任务目标确定后，系统通过视觉感知模块获取环境信息，并依据这些信息进行进一步的任务分解与规划。该过程主要包括以下几个步骤：

1）任务指令的理解。LLM 首先解析自然语言任务指令，提取指令中的关键词（如动作、目标对象、位置等），并确定相关的环境因素。例如，当任务是“将苹果放入篮子”时，系统需识别并定位“苹果”和“篮子”。

2）环境感知与信息收集。LLM 基于任务需求主动获取传感器信息，如通过视觉传感器（摄像头）监控目标区域或物体，并根据需求动态调整传感器位置以获取关键视觉数据。

3）图像处理与特征识别。收集的图像通过视觉处理算法进行分析，提取物体识别、形状、颜色和相对位置等特征。例如，通过视觉语言模型或其他机器视觉技术识别“苹果”和“篮子”的位置。

4）环境信息的整合与反馈。LLM 将各个传感器获得的信息进行整合，构建出全面的环境模型，并实时更新以适应任务执行中的变化。

5）基于环境的任务级规划。LLM 利用整合的环境信息对任务进行动态分解，并根据实时环境信息和反馈信号调整任务级规划，以确保任务成功完成。

4.2.3 端到端架构

图像和语言作为不同类型的信号，具有各自的特性。语言是由人类生成的，语义丰富，但在传达全面信息的能力上存在局限性。相比之下，图像作为自然信号，包含大量的低级细粒度特征，能够捕捉场景的全貌。在难以用简单语言描述的复杂环境下，这种差异尤其显著。

PaLM-E 是一个采用 Transformer 解码器架构的多模态模型，其核心是在 PaLM 模型的基础上通过包含视觉、连续状态估计和文本输入编码的多模态语句进行预训练，将智能体对外界环境的感知信息（例如图像、状态估计或其他传感器模态）与自然语言 token 嵌入相同维度的向量空间。

PaLM-E 的多模态语句包括文本和（多个）连续观察，这些观察的多模态标记与文本相互交错，形成多模态句子。例如“<img 1>和<img 2>之间发生了什么?”，其中<img i>指代由视觉 Transformer（ViT）生成的图像嵌入。如图 4.2 所示，假设<img 1>和<img 2>给出了多个不同颜色方块之间的位置信息，其中黄色方块位于蓝色方块的上方，PaLM-E 的输出可能是由模型自回归生成的文本（可以作为问题的答案），或者是一系列以文本形式生成的决策，这些决策被应用于连续的机器人操作规划、视觉问题回答和字幕生成等多种具身任务。

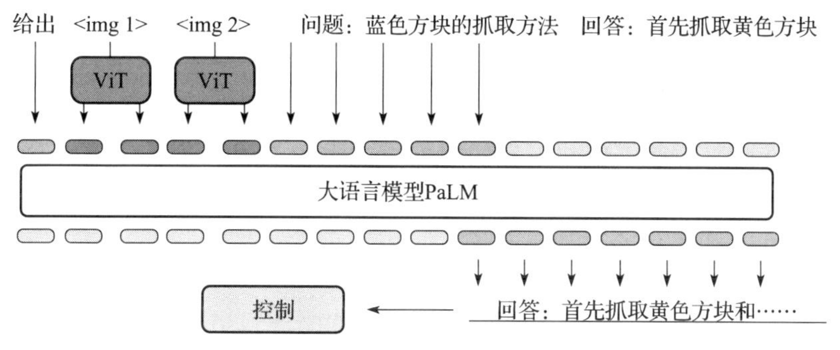

图 4.2　PaLM-E 模型[㊀]

使用多模态大模型进行任务级规划，通常被视为一种端到端架构。具有视觉感知能力的多模态大模型在任务级规划中具有以下优势：

1）空间布局理解。当描述复杂的几何配置，尤其是涉及空间定位、物体关系和环境约束时，仅依赖语言常常力不从心。例如，在一个杂乱的场景中，物体 A 遮挡了物体 B。若要接触物体 B，必须先移动物体 A。单靠语言难以传达这些精细的物体间关系。同样，若目标物体位于某个容器内（如柜子或冰箱），传统的外部适应性模型（如对象检测模型）可能会因为目标物体不可见而预测检索失败。通过将视觉直接纳入推理，多模态大模型能够推断出隐藏的目标物体很可能位于容器中，并据此规划任务的执行步骤，例如先打开容器。

2）对象属性理解。物体的属性多种多样，包括形状、颜色、材质、功能等，然而自然语言在传达这些属性时具有局限性，特别是当物体的属性与特定任务密切相关时。例如，剪刀在儿童的手中可能被视为危险物，但在剪纸艺术课中则是必需工具。以往的方法通常通过独立的适应性模型识别物体属性，但这种方法仅能传达有限的属性子集。当任务要求对物体属性有深入理解时，图像和语言的联合推理至关重要。

㊀ 图片来源：PaLM-E：An Embodied Multimodal Language Model，https://arxiv.org/abs/2303.03378。

3）多功能目标设定。在许多复杂的长期任务中，使用目标图像往往比单纯依赖语言指令更有效。例如，在指导机器人整理桌子时，提供一张整理好的桌面照片可能比语言描述更高效。同样，在食物摆盘任务中，机器人可以通过复制目标图像完成任务。以前，基于 LLM 的规划方法难以处理此类任务，而通过视觉语言模型，这变得十分简便。具体来说，视觉语言模型不仅能够接受当前的视觉观察和语言指令，还能整合目标图像。这使得视觉语言模型与现有的目标导向强化学习或模仿学习算法有所不同，因为它不要求目标图像和当前观察图像来自同一领域。目标图像仅需传达任务的关键元素，无论是互联网图片、儿童画作还是目标位置的手势图像，都能被系统有效利用。这种灵活性极大地增强了系统的实用性。通过结合图像与语言来描述任务目标，我们的方法在目标设定上获得了更高的灵活性和多样性。

4）视觉反馈。在动态的实体环境中，闭环反馈对机器人至关重要。为了将环境反馈整合到仅依赖 LLM 的规划方法中，有研究尝试将所有反馈转化为自然语言。然而，这种方法被证明复杂且低效，因为大多数反馈最初是通过视觉感知的。将视觉反馈转化为自然语言不仅增加了系统的复杂性，还可能导致关键信息的丢失。

直接提供视觉反馈是一种更直观和自然的方式。在 PaLM-E 中，视觉语言模型既能描述场景中的对象状态，又能作为成功检测器，判断环境是否满足指令要求的成功条件。图 4.3 展示了一个端到端任务级规划的实例，即从抽屉中取出薯片的任务。完成这种任务要求机器人不仅能够理解人类的语言和意图，还需要观察和操作环境中的物体，并规划出一系列子目标和相应的行动步骤。将视觉信息直接融入推理和规划过程，有助于更直观地理解基于物理世界的常识。PaLM-E 通过对视觉反馈的推理，使机器人能够在环境发生变化或任务失败时，及时调整或重新规划任务步骤。

当然，正如第 3 章讨论的，拥有视觉等多模态的大模型也可能采用分层的架构进行任务级规划，例如任务需要通过 RGB-D 摄像头或激光雷达（LiDAR）获取的 3D 空间信息。这些感知模型经过专门设计，能够更加准确地完成如深度感知、物体识别和空间定位等任务，而这些任务是通用的视觉语言模型难以精确完成的。

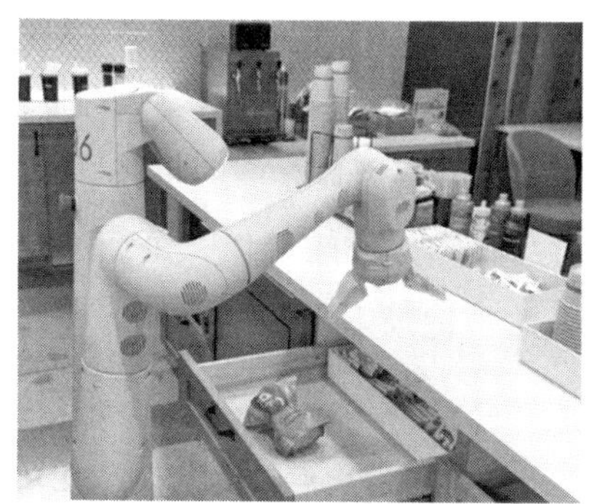

图 4.3 端到端任务级规划的实例

4.3 任务级规划微调与外部记忆

基础模型通常缺乏如环境导航、物体交互、感知和追踪世界状态等具身经验，因此它们在处理与物理环境相关的推理和规划时，缺乏足够的健壮性和全面性。具身任务所需的一系列基本知识和技能（如物体追踪、规划路径以完成特定目标、识别其他代理的行为等）正是这些模型的短板。为了解决这一问题，可以通过获取具身经验，并结合微调和外部记忆的方式对模型加以改进。

4.3.1 具身经验的获取

具身经验的获取虽然可以通过具身智能在物理空间中的交互来实现，但由于现实世界中的数据收集成本较高，大量数据的获取主要依赖于虚拟环境（如 AI2-THOR、VirtualHome 等）来模拟具身智能的行为。在这些虚拟环境中，代理（虚拟具身智能）能够执行各种任务，例如拾取、移动和放置物体，从而学习如何在物理空间中操作。

具身经验可以通过两种方式获取：目标导向的规划和随机探索。为了使大模型具备这种能力，目标导向的规划方法被引入，旨在生成以目标为导向的具身经验，从而帮助代理获取执行世界模型中一系列活动的技能和任务规划能力。在世界模型中，活动的目标被形式化为描述期望世界状态的谓词集。例如，“布置餐桌”这一活动的目标可以定义为“叉子和盘子应放在桌上”。

图 4.4a 展示了蒙特卡洛树搜索（MCTS）规划器，该规划器用于在动作空间中找到实现目标的一系列动作计划。成功的 MCTS 规划器依赖于合理的奖励设计。每当某个目标谓词被满足时，MCTS 规划器将获得+2 奖励，同时该目标谓词将从目标集中移除，避免重复获取奖励。此外，为防止规划器执行与目标无关的动作，每经过一个时间步将给予-0.1 的惩罚，整个规划过程作为具身经验被记录下来。关于外部规划器的详细内容将在第 8 章进一步讨论。

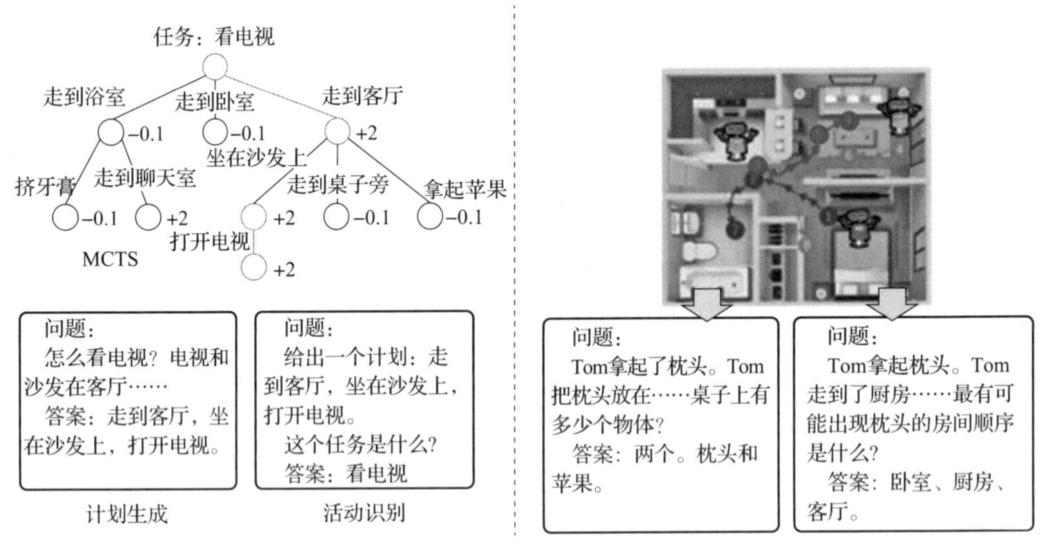

（a）目标导向的规划　　（b）随机探索

图 4.4　目标导向的规划与随机探索[⊖]

与目标导向的规划相对，随机探索则允许代理通过自由漫游的方式，在环境中积累具身经验。代理可以观察和追踪物体，即使它们暂时不在视线范围内，也能形成对象持久性和物体属性等高级认知能力。多个代理可以在同一环境中相互作用或对同一对象进行不同操作，模拟复杂的场景和任务。

在现实场景中，人类不仅通过完成任务来获得新知识，还通过随机探索周围环境

⊖ 图片来源：Language Models Meet World Models：Embodied Experiences Enhance Language Models，https://www.semanticscholar.org/paper/Language-Models-Meet-World-Models%3A-Embodied-Enhance-Xiang-Tao/6f821d75968bc8de070af3ce5aa7f57bc031fafb。

来学习，例如观察和追踪物体及其属性。这种随机探索同样可被应用于具身经验的获取。在世界模型中，代理可以通过简单的漫游来学习高级认知能力，如对象的持久性和路径追踪。在具体操作上，多个代理在世界模型中随机漫游并执行动作。如图 4.4b 所示，多个代理可以在相同环境中相互作用或对同一对象执行不同操作，以模拟复杂情况。在此过程中，所有物体的移动路径和最终位置都会被记录并存储为具身经验。

为了增强具身经验的泛化能力，可以通过对环境进行综合采样来获取场景中所有已存在对象的列表，这些对象信息随后被用于支持更精准和适应性更强的任务规划。这里的采样方法不仅包括简单的随机和遍历抽样，还扩展到了空间优化采样（整体中心点和分块中心点），这可以提高数据收集的效率和覆盖率，从而更好地反映场景的全貌。例如，假设我们有一个智能机器人，其任务是在家庭环境中执行清洁任务。家庭环境包括多个房间，如厨房、客厅和卧室。随机抽样下，机器人在每个房间的多个随机点获取视觉信息；遍历抽样则系统性地覆盖所有房间，确保所有物体都被记录；而空间优化采样则通过整体中心点和分块中心点，进一步提高数据采集的效率和覆盖率。这些图像数据随后由开放词汇的对象检测系统进行处理，并生成对象列表，帮助任务规划充分考虑场景中的所有已知物体。

4.3.2　微调与外部记忆

通过在模拟或现实环境中收集的具身经验数据集（包括视觉、文本和动作等）对基础模型进行微调，模型能够逐渐掌握场景理解能力，解析与特定任务相关的视觉和空间信息。这种微调过程有助于模型克服缺乏具身经验的局限性，从而提升其在现实世界中的应用能力，更好地执行导航、物体操作以及与人类或其他代理的复杂交互任务。

然而，在任务级规划上，模型的表现通常依赖于常识，而基础模型仍然是最理想的选择。不论是依赖其他模型进行感知的大语言模型，还是具备感知能力的多模态大模型，任务级别的能力主要取决于模型本身的通用人工智能能力。正如前文所讨论的，具身智能能够像人类一样思考、学习并解决任务的关键在于从自然模态中学习到世界的结构化和层次化抽象，即“世界模型”。这也是当前基于基础模型进行任务级规划的原因所在。

具身智能的任务级规划只是基础模型的一个子任务，其能力上限往往取决于如GPT-4o这类模型的推理能力。重新为具身智能的任务级规划预训练一个专用的大模型在成本上是难以接受的，因为任务级规划所需的核心能力正是世界模型的能力。因此，没有比类似GPT-4o这样的多模态基础模型更适合执行具身智能中的任务级规划了。

尽管微调可以有效提高模型在特定场景中的表现，但其效果取决于训练数据的质量和多样性。如果数据不能充分覆盖预期的使用场景或数据质量不高，则微调后的模型可能难以在真实世界的复杂环境中泛化。此外，微调多模态模型，尤其是处理庞大数据集和复杂模型架构时，往往需要大量的计算资源和时间。持续的微调过程还可能需要定期更新数据集，以包含新的实例或纠正先前的偏差，这进一步增加了成本。

需要注意的是，微调像GPT-4这样的大模型以适应特定场景的具身任务规划，可能会导致模型在通用任务上的性能下降。通过引入外部记忆机制，模型能够存储和检索特定环境中的情景记忆，允许模型记住先前的经历并以此指导未来的行为选择。这一机制是一种可行的方案，将在第7章中进行详细讨论。

第5章 Chapter 5

分层动作级规划

在分层动作级规划中，感知信息被明确地作为运动规划的输入条件，与动作规划过程相互独立。决策层（或规划层）通常采用大语言模型或多模态大模型进行规划。虽然多模态大模型具备一定的感知能力，但在分层动作级规划的框架中，环境感知和动作规划仍然是分开处理的。分层架构有利于将人类的先验知识作为额外的约束或推理条件嵌入规划过程，以便更好地解释和处理复杂的环境感知数据。通过引入先验知识，模型能够在复杂或未知的环境中做出更加合理的决策，进而提升规划的准确性。此外，分层运动规划通常无须对大模型进行专门的训练，因而具有较低的实现成本。

5.1 动作原语及其局限性

动作原语（motion primitive 或 action primitive）是机器人学和自动化控制领域中的一个核心概念，指的是预定义的、可重复使用的基本动作或行为模块。这些原语是构建复杂任务的基础元素，通常包括机器人的简单运动或行为序列，旨在简化动作规划和执行过程。通过将复杂任务分解为一系列的动作原语，可以实现更高效、可控的机器人操作。

5.1.1 动作原语

在机器人控制中，末端执行器的控制参数通常位于连续空间，这意味着理论上可以生成无限种可能的动作或路径。例如，在机器人的手臂控制中，每个关节都可以在一个连续范围内运动。然而，在实际应用中，处理连续空间中的无限可能性既不现实，又不经济。因此，从运动分级的角度来看，动作原语提供了一种基元级的离散化实现方式，即提供一组有限且实用的动作（离散的动作集），使得复杂的运动规划可以通过组合这些基本动作来完成。动作原语通常具有以下几个关键特点：

1）基础性。动作原语是构建复杂动作序列的基本构件。它们通常表示为机器人能够直接执行的简单动作，如移动到特定位置、旋转一定角度、抓取或放置物体等。

2）模块化。通过将常用的动作封装为原语，可以在多种任务中复用这些动作，提高规划和执行的效率。例如，一个“抓取”原语可以在不同的上下文中被调用，无论是在装配线上抓取零件，还是在仓库中拾取物品。

3）可编程性。动作原语可以在更高级别的任务规划中通过编程方式进行调用和组合。这种灵活性允许根据特定应用需求调整和优化动作序列，从而适应不同的任务场景。

4）控制简化。使用动作原语可以简化控制算法的复杂度。通过执行预定义的动作，减少了实时计算的需求，这对于需要快速响应的实时应用至关重要。

5）执行可预测性。由于动作原语是预先定义和测试过的，它们的行为通常具有很高的可预测性和可靠性。

以下的 Python 伪代码定义了一个 RoboticArm 类，展示了如何通过动作原语实现机械臂的基本控制：

```
class RoboticArm:
    def __init__(self):
        self.position = None              # 当前机械臂的位置
        self.gripper_open = True          # 夹爪是否打开

    # 动作原语:移动到指定位置
```

```
def move_to_position(self, new_position):
    print(f"Moving to {new_position}")
    self.position = new_position

# 动作原语:执行抓取动作
def grab(self):
    if self.gripper_open:
        print("Grabbing the object")
        self.gripper_open = False

# 动作原语:执行释放动作
def release(self):
    if not self.gripper_open:
        print("Releasing the object")
        self.gripper_open = True

# 动作级规划:组合动作原语来执行复杂任务
def execute_task(self, start_pos, end_pos):
    self.move_to_position(start_pos)          # 移动到初始位置
    self.grab()                               # 抓取物体
    self.move_to_position(end_pos)            # 移动到目标位置
    self.release()                            # 放置物体
```

在这个类中，move_to_position( )、grab( ) 和 release( ) 方法都是动作原语的实现。它们代表机械臂的基础动作，每个方法执行一个具体的、独立的操作：

- move_to_position( ) 方法直接控制机械臂移动到一个新的指定位置。
- grab( ) 方法控制夹爪关闭，以抓取对象。
- release( ) 方法控制夹爪开启，以释放对象。

每个方法代表机械臂的一个基础动作，是相对简单且直接的操作，不涉及复杂的决策或多步骤协调。

execute_task( ) 方法则展示了动作级规划的概念。它通过有序地调用多个动作原语（移动、抓取、再移动、释放）来完成一个复杂任务，即从一个位置抓取物体并精确放置到另一个位置。动作级规划不仅调用这些动作原语，还负责规划和协调它们的执行顺序，以确保任务目标的达成。通过动作原语，动作级规划得以在基元级上简化复杂任务的控制，实现高效、准确且灵活的机器人操作。这种分层规划方式既提高了机械臂操作的效率和准确性，又增强了任务执行的灵活性和可靠性。

5.1.2 技能

在运动控制的分层结构中，动作级规划负责将任务级分解得到的子任务目标进一步细化为基元级的具体动作。动作原语作为基元级的实现，提供了一种将高层次任务目标转化为一系列具体、可执行步骤的方法。通过这种分层方法，控制系统可以更清晰地定义任务的执行流程，同时提高动作执行的精确度和效率。

在实际的动作规划中，多个动作原语可以按一定的序列组合来完成更复杂的动作。当这些组合被反复使用，并被固定为一个新的整体动作时，它们通常被称为“技能”。技能通常代表一个较为复杂且具有明确目标的动作序列，例如“拿起”技能可能包括一系列机械臂的移动和夹具的打开、关闭操作。这些技能在自然语言中通常有明确的语义描述，可以通过大模型进行理解和调用。

例如，一个机器人可能需要执行“清理桌面”这一任务。在将任务分解为若干子任务后，机器人可以重复调用一系列技能，如“拿起”和“放下”，并按逻辑顺序执行，以完成整个任务。这一过程通常涉及多步骤的决策和多个技能的综合运用。大模型凭借其强大的自然语言理解能力，能够有效地将这些离散的技能组合成一个连贯的任务执行计划。

5.1.3 局限性

大模型在自然语言理解方面具有显著优势，使其能够将复杂任务分解为更小的子任务。然而，当涉及基于动作原语的动作规划时，这些原语通常需要具有明确的语义，以便大模型进行理解和调用。然而，对于那些缺乏明显语义意义的动作参数，例如机器人根据特定任务环境直接计算出的位置或运动参数，大模型的应用就变得有限。这些参数往往缺乏直接的、易于理解的语言描述。例如，在指定一个机器人手臂的关节角度以抓取物体时，这类参数（如角度值）本身并不具备具体的语义内容。因此，它们难以通过传统的自然语言处理方法直接生成。这类动作的生成通常依赖于更精确的控制算法和传感器反馈，而不仅仅依靠语言模型的推导。

此外，单个低级动作（如具体的关节角度调整）通常无法独立完成有意义的任务。它们需要与其他动作紧密结合，才能形成一个有效的行为序列。动作原语实际上是多个低级动作的组合，但由于这些低级动作的组合有限，它们不能简单地通过语言模型来调用和组合动作原语，就足以应对现实世界中复杂的任务规划所需的无限组合可能性。技能是对动作原语的进一步组合，其泛化能力更弱，更难以涵盖复杂多样的现实环境。

例如，一个家庭服务机器人被要求在厨房中准备一顿复杂的早餐，包括从冰箱中取出鸡蛋、在灶台上煎蛋、从橱柜中取出盘子、将煎好的鸡蛋放入盘子中，然后将其端到餐桌上。这个任务包含许多细致的操作和不同的场景，并且环境中存在许多不确定性，如物体的位置变化、厨房空间的不同布局，甚至煎蛋的过程中的不确定因素。

首先，完成这一系列任务需要机器人执行许多低级动作（伺服级），例如调整手臂关节角度来抓住鸡蛋、控制夹爪的开合程度、调整手臂以确保准确地将鸡蛋放入锅中等。单个低级动作（比如“调整手臂关节的某个角度”）无法独立完成“抓取鸡蛋”或“将鸡蛋放入锅中”这样的任务。它们必须与其他低级动作相结合，形成更高层次的行为。

接下来，动作原语是这些低级动作的组合。例如，“抓取”动作原语可能包括伸出手臂、张开夹爪、调整手指位置、合拢夹爪等多个低级动作的顺序执行。虽然“抓取”“移动”“放置”等动作原语可以用于基本的物体操作，但是这些原语是针对特定环境和特定物体的预先定义的动作序列。例如，“抓取鸡蛋”原语可能只有在鸡蛋位于冰箱的特定位置时才有效。如果冰箱中的物品布局发生变化，或者鸡蛋被放在一个不同的高度或位置上，这个原语就可能失效。

技能是对动作原语的进一步组合，例如“准备早餐”技能可能包括多个动作原语的顺序执行，如“从冰箱取出鸡蛋”“打开灶台”“煎蛋”“将煎好的蛋放在盘子中”等。虽然技能比单一的动作原语更高级，但它们的泛化能力更弱。因为技能是由特定的动作原语组合而成的，并且这些原语组合往往是针对特定情境进行设计的。比如，“准备早餐”技能在另一个不同布局的厨房中可能无法直接使用，或者在冰箱门被遮挡的情况下无法执行“取出鸡蛋”这一动作。

现实世界中的任务规划充满了复杂性和不确定性。例如，在上述场景中，冰箱中物品的位置可能随时发生变化，灶台的开关位置可能因安全考虑而需要特殊操作，甚至在煎蛋的过程中，火候和时间的把控都涉及大量的环境感知和动态调整。动作原语和技能是预先定义的，并且基于一定的先验知识和固定环境，因此它们在面对如此多样和复杂的现实情境时，其灵活性和适应性有限。无法通过简单地调用和组合这些原语和技能来应对变化和不确定性。因此，尽管动作原语和技能是构建复杂行为的基础，但在需要精确控制或其他复杂应用场景中，它们的直接应用受到挑战，需要依赖于其他的动作规划技术和方法。

5.2 基于技能的单步动作级规划

基于技能的单步动作级规划是指在缺少明确的任务级规划的情况下，通过编程方式组装技能库来生成动作级规划。微软的 ChatGPT for Robotics（GPTR）[1]项目是这一方法的典型代表，它利用 LLM 对任务进行理解，并在给定的技能动作空间中进行动作级规划。

5.2.1 低成本具身智能方案

GPTR 作为一种单步规划方案，其优势之一是无须对 LLM 进行特定任务的微调。这使得它成为一种低成本的具身智能解决方案。该方案依赖于 LLM 广泛的知识基础和强大的推理能力，直接生成用于控制机器人的代码，从而大幅降低传统的机器人编程的开发时间和成本。

---

[1] ChatGPT for Robotics：Design Principles and Model Abilities，doi：10.1109/ACCESS.2024.3387941。

传统的机器人编程通常需要针对每个任务开发特定的控制算法，这不仅费时费力，还需要具备深厚技术背景的工程师参与。而 GPTR 通过直接调用预训练的 LLM，可以迅速生成高效的控制代码。在这一过程中，LLM 利用其在训练过程中学习到的广泛知识，包括编程技巧、算法设计与优化方法等，来解决具体的机器人任务问题。

此外，LLM 的这种能力使得即使是非技术背景的用户也可以通过简单的命令或描述参与到机器人的任务编程中。如图 5.1 所示，用户只需描述他们希望机器人执行的任务，LLM 便可以基于这些描述生成执行所需的具体代码。例如，用户可以指示机器人“按特定图案排列仓库货架”，而 LLM 则负责生成完成这一任务所需的所有移动和操作指令。GPTR 显著降低了机器人编程的门槛和成本，提高了开发的效率和灵活性，可以针对不同类型具身的多种复杂任务进行快速的动作级代码实现。

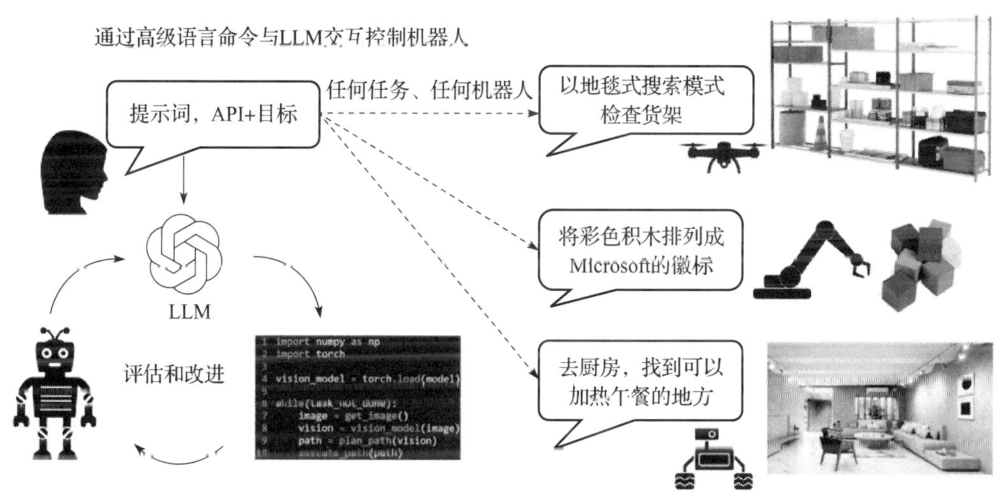

图 5.1　不同类型具身的多种复杂任务动作级代码的生成与部署

5.2.2　GPTR 工作流程

如图 5.2 所示，GPTR 的工作流程基于用户定义的任务相关 API 库，利用 ChatGPT 的自然语言处理和推理能力，将用户的任务描述转化为机器人控制代码。整个过程包括以下 4 个主要步骤。

① 定义与任务相关的机器人API库

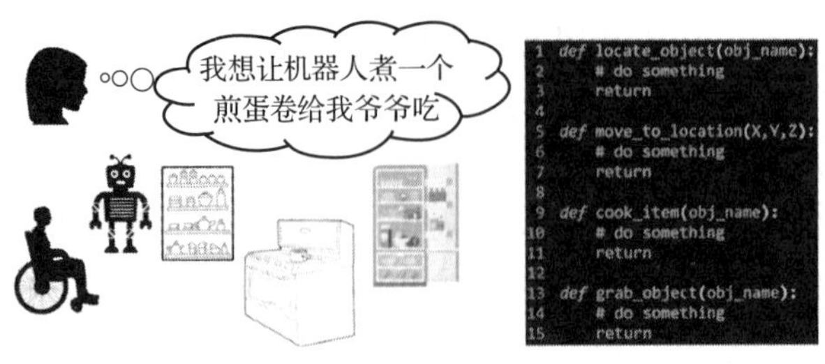

API应该在机器人上实现，并具有LLM的描述性文本名称，它们以更复杂的功能连接在一起

② 按照工程实施的原理构建提示词

假如你是一个家庭助理机器人，你的目标是为一个年迈的人准备一个煎蛋卷，你相应地配备了如下技能：

locate_object(obj_name)：返回一个X、Y、Z元组，表示当前obj_name所处的位置。

move_to_location(X, Y, Z)：移动机器人的手臂到指定空间的X、Y、Z的空间位置，不返回任何内容。

cook_item(obj_name)：烹饪由obj_name定义的特定的菜品，不返回任何内容。

grab_object(obj_name)：拾取由obj_name定义的特定对象，不返回任何内容。

输出Python代码和实现目标的步骤序列

③ 用户反馈：迭代解决方案的质量和安全性

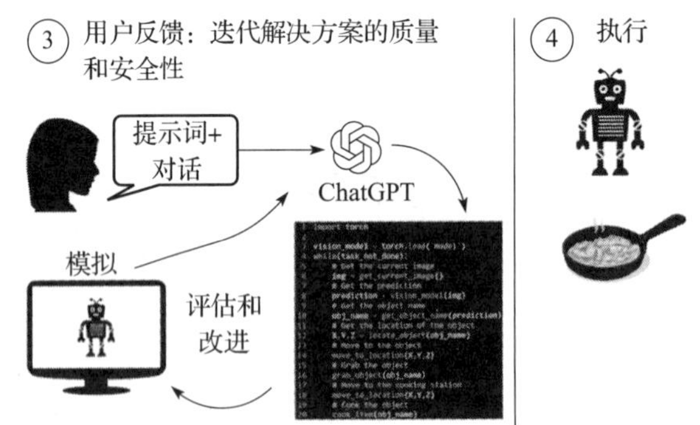

④ 执行

图 5.2　GPTR 的工作流程

（1）定义与任务相关的机器人 API 库（技能库）

首先，用户需要定义一组与机器人任务相关的 API 库。这些 API 库是机器人硬件所能执行的功能的抽象，包括定位、移动、抓取和操作等。这些 API 函数通常具有描述性名称，以便 LLM 能够推断出它们的功能。这些 API 由机器人硬件及其底层控制堆栈提供支持，并作为与 LLM 交互的接口，使得机器人能够以更高级的方式执行动作。

（2）按照工程实施的原理构建提示词（Prompt）

在这个步骤中，开发者撰写一个文本提示词，以指导 LLM（如 ChatGPT）完成任务。该提示词不仅描述了任务的目标，还明确指出了可以使用的高级 API 库函数。例如，提示词中可能包含关于如何定位物体、如何移动机器人，以及如何抓取和烹饪物体等详细信息。此步骤是关键步骤，因为它为 LLM 提供了理解任务需求的上下文，并帮助它选择合适的 API 函数调用序列。

（3）用户反馈：迭代解决方案的质量和安全性

这一步强调用户在循环过程中的参与，以确保生成代码的质量和安全性。用户向 ChatGPT 提供任务提示，ChatGPT 返回生成的代码。用户可以审查代码，并通过对话与 ChatGPT 进一步改进代码。在部署到实际机器人之前，生成的代码应在模拟器中运行，以评估其在虚拟环境中的行为。这有助于识别潜在错误和风险，避免机器人在现实环境中执行错误操作。用户可通过自然语言提供反馈，指出代码中的问题或改进建议。ChatGPT 根据反馈进行调整，生成更符合要求的代码。这一循环过程通过持续的用户参与和反馈，提高了代码的准确性、可靠性和安全性，使机器人能更好地执行指定任务。

（4）执行

在用户对生成的代码进行验证并感到满意后，最终代码被部署到机器人上执行，完成实际任务。如图 5.2 所示，机器人执行了一个烹饪任务，例如煎蛋卷。通过调用 API 库中的各项功能，机器人完成了从抓取物体到烹饪的整个流程。此过程展示了 GPTR 如何将高层次的任务描述转化为具体的机器人控制代码，使机器人能够在现实环境中执行复杂任务。

GPTR 的工作流程以用户定义的 API 库为基础，通过 ChatGPT 的自然语言处理能力，将用户的任务描述转化为具体的机器人控制代码。整个流程用户与 ChatGPT 密切协作，通过模拟和反馈循环，持续优化代码的质量和安全性。最终，生成的代码被部署到机器人上，实现从高层任务规划到低层运动控制的完整流程。

5.2.3　局限性

GPTR 在架构、单步动作级规划以及 API 设计粒度方面存在三个主要缺陷。

首先，由于 GPTR 采用的 LLM 本身缺乏直接的多模态感知能力，因此其架构依赖于分层方式，其中感知与规划是两个独立但相互依赖的部分。GPTR 依赖第三方系统获取环境信息，并将这些信息转换为自然语言描述。然而，这种方法可能导致信息的丢失和实时性问题。由于在数据获取和处理过程中难以保留所有细节，再加上数据传输和处理的延迟，机器人对环境变化的实时响应能力可能受到影响。例如，外部感知系统（如 YOLOv8 等深度学习模型）负责识别和定位环境中的物体，提供物体的位置、形状和大小等详细信息。这些信息是规划层所必需的，但在传递过程中可能出现不完整或滞后的情况，从而影响规划的有效性。

其次，GPTR 在单步动作级规划方面存在局限性。在获取感知数据后，规划层（如 ChatGPT）负责解析这些数据，并根据任务目标生成具体的动作序列。这一过程依赖于语言模型的能力，根据任务需求和外部输入（如用户指令和感知数据），生成控制代码或指令来实现特定操作。然而，这种方法通常没有经过全局任务级规划的考虑，而是直接生成动作级规划。这意味着它无法充分考虑每个行动的长期后果，从而可能导致整体策略的次优。例如，在多障碍环境中导航时，单步动作级规划往往缺乏对全局环境和潜在障碍的全面考虑，可能无法找到最佳路径，导致任务的执行效率降低。

最后，在 API 设计粒度方面，GPTR 依赖人工先验知识将动作原语组合并封装为技能库，从而定义机器人可用的动作和功能。这种预定义的大粒度设计虽然简化了系统的接口，使得从高级逻辑到具体实现的映射更加直接，但也带来了若干问题。首先，它的泛化能力较差，难以应对多样化的任务场景。其次，这种封装可能限制系统的灵活性，难以对机器人行为进行细致的调整。此外，大粒度设计还可能引发动作之间的平滑性和连续性问题。相比之下，小粒度设计提供了更精细的控制和操作优化的可能性，但这也增加了接口的复杂性，使得动作级规划更加困难，进而可能降低运动控制代码的准确性。此外，机器人 API 作为动作原语本质上是一种简化的基元级实现，无法解决精确控制，并泛化到其他复杂应用场景中。

5.3 基于动作原语的直接动作级规划

类似于基于技能的单步动作级规划，基于动作原语的直接动作级规划也是一种单步规划策略，通过“代码即策略”（Code as Policies，CaP）[㊀]的方式，由 LLM 生成分层代码结构。该方法利用高层次的代码逻辑隐式地实现任务级规划，并通过子函数的形式完成动作级规划。

5.3.1 代码即策略

“代码即策略”本质上利用 LLM 的自然语言理解和代码生成能力，通过生成代码逻辑来实现任务分解和动作级规划。该方法通过调用动作原语函数实现具体的任务执行。LLM 在任务级规划中使用高层次的代码逻辑，通常采用 if-else、循环等控制结构来管理任务的流程，并通过初始提示和示例，将自然语言指令转化为任务级代码。动作级规划则通过子函数的形式组合动作原语，包括路径规划、轨迹跟踪和物体操作等具体运动控制。

如图 5.3 所示，用户输入指令——（将积木堆叠到空碗中），LLM 可以根据这些提示生成相应的策略代码，这体现了 LLM 根据限定的命令生成目标导向的代码的能力。图中的 for 循环代码块代表高层次的策略代码，它负责整体任务的逻辑控制。这段代码根据用户的自然语言指令，将任务分解成多个子任务。示例中循环控制结构描述的功能和流程（检测空碗，然后堆叠积木）隐含了反馈和迭代的过程，即这样的循环结构可以根据实时感知数据（如摄像头或传感器的输入）来动态调整其行为。例如，每次循环都会检测当前环境的状态（如空碗的位置和数量），然后根据这个状态决定下一步的动作。在实际的机器人控制中，这种结构允许机器人不断感知环境变化，并根据最新的感知输出调整自身的动作策略，以确保任务按照预期顺利完成。这种反馈和迭代机制使得机器人能够更灵活地应对复杂和动态的环境，而不是简单地执行一成不变的预定动作序列。

㊀ Code as Policies：Language Model Programs for Embodied Control，doi：10.1109/ICRA48891.2023.10160591。

图5.3中定义的两个函数代表任务级规划，它们由高层次的策略代码调用，用于执行更具体的子任务。例如，is_empty 函数检查碗是否为空，stack_objects 函数将积木按顺序堆叠。这些中间层函数进一步调用底层函数（动作原语）如 pick_place 和 detect_objects 函数，实现具体的操作逻辑。

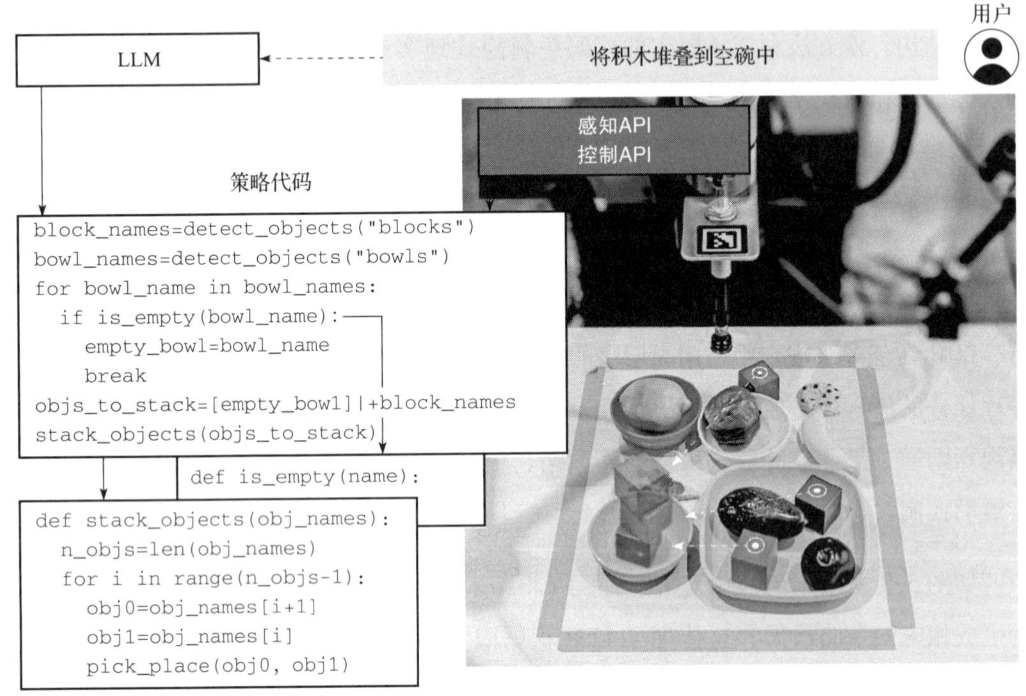

图5.3 代码即策略的架构图

动作原语包括感知函数和动作函数，这些函数是实际控制机器人执行操作的基础，负责通过感知和具体的动作实现。如图5.4所示，感知函数通常从对象检测器中获取输入，提供物体的位置、边界框等信息，用于场景理解和任务执行。动作函数用于执行特定的操作，例如移动和放置物体，直接控制机器人的物理行为，如抓取、移动和释放。这些函数通常由开发人员根据具体的机器人平台和任务需求编写，有明确的语义，这样 LLM 才能理解并生成相应的控制代码。第三方库函数也会被当作动作原语，虽然图5.4中未直接展示 NumPy 等第三方库的使用，但在实际应用中，这些库常用于处理数学和几何计算，如坐标转换和距离计算等，扩展了系统处理复杂任务的能力。

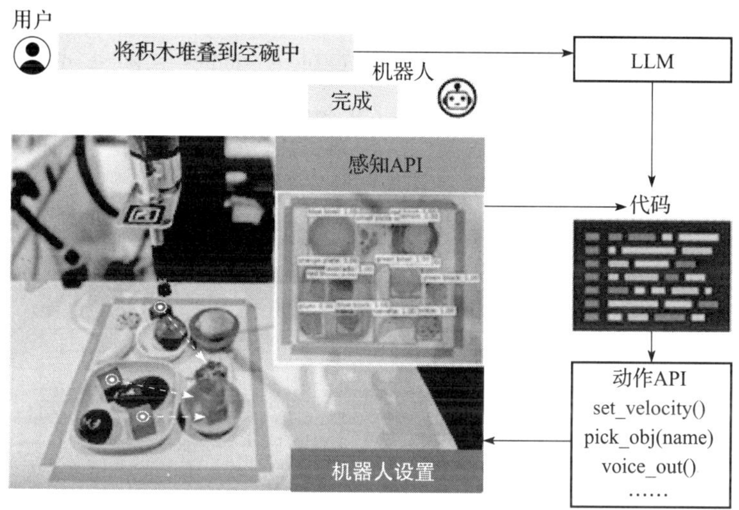

图 5.4　动作原语中的感知函数和动作函数

5.3.2　提示模板

基于动作原语的直接动作级规划虽然没有明确的任务级规划阶段，但其任务分解逻辑依赖于人工先验知识以及预先设计的 Prompt 和示例。如图 5.5 所示的 Prompt 片段通过具身提示预先定义了特定任务的可使用的动作原语、环境信息以及分解任务所需要的业务逻辑（子任务集合）。例如，“将积木堆叠在空碗中”这一特定任务涉及的动作原语包括 NumPy 以及自定义的 put_first_on_second 等，这些原语提供了操作物体、获取位置和解析对象名称等功能。此外，Prompt 中还定义了一个对象列表，包括不同颜色的积木和碗，用于描述任务环境中的元素。例如 put_first_on_second，用于描述如何将一个对象放在另一个对象上，并给出了示例（如将黄色积木放在黄色碗上）。这些函数和示例可以帮助系统理解如何执行操作。

为了能够使 LLM 将高层次任务正确地分解为多个子任务，Prompt 中详细描述了可能的子任务集合以及组合示例。例如，在“将积木堆叠到空碗中”的任务中，分解步骤可能如下。

1）识别空碗：使用函数识别并找到空碗，例如 empty_bowl_name = parse_obj

('empty bowl')。

2）识别积木：识别所有积木的位置，例如 block_names = parse_obj('blocks')。

3）组合对象：创建对象序列，例如 obj_names = [empty_bowl_name] + block_names。

4）调用堆叠函数：调用 stack_objs_in_order(obj_names=obj_names) 将积木堆叠在空碗中。

```
objects=['yellow block','green block','yellow bowl','blue block','blue bowl','green bowl']
# the yellow block on the yellow bowl.
say('Ok-putting the yellow block on the yellow bowl')
put_first_on_second('yellow block','yellow bowl')
objects=['yellow block','green block','yellow bowl','blue block','blue bowl','green bowl']
# which block did you move.
say('I moved the yellow block')
objects=['yellow block','green block','yellow bowl','blue block','blue bowl','green bowl']
# move the green block to the top right corner.
say('Got it-putting the green block on the top right corner')
corner_pos=parse_position('top right corner')
put_first_on_second('green block','corner_pos')
objects=['yellow block','green block','yellow bowl','blue block','blue bowl','green bowl']
# stack the blue bowl on the yellow bowl on the green block.
order_bottom_to_top=['green block','yellow bowl','blue bowl']
say('Sure-stacking from top to bottom:{",".join(order_bottom_to_top)}')
stack_objects_in_order(object_names=order_bottom_to_top)
objects=['cyan block','white block','cyan bowl','blue block','blue bowl','white bowl']
# move the cyan block into its corresponding bowl.
matches={'cyan block':'cyan bowl'}
say('Got it-placing the cyan block on the cyan bowl')
for first,second in matches.items():
```

图 5.5 “代码即策略”的 Prompt 片段

通过人工设计的 Prompt，LLM 可以获取针对特定任务的子任务集合及其组合示例，从而根据任务目标生成相应的代码逻辑。然而，这种任务逻辑并不是自动生成的，而是建立在开发者预先设计的子任务和动作原语的基础上。函数的设计和使用方法依赖于开发者的先验知识，以确保任务分解和执行的准确性。

5.3.3 优势与局限性

“代码即策略”通过人工设计的初始 Prompt 和示例，使 LLM 能够根据任务需求动态生成代码逻辑，实现灵活的任务分解和动作组合。这一方法减少了手动编码的需求，使生成的代码可以泛化到与原始任务类似的情境中。例如，在“将积木堆叠到空碗中”

的任务基础上，系统可以扩展到“将不同形状的物体堆放在指定位置”。然而，这种泛化能力依赖于人工先验知识中的任务分解逻辑和函数设计。因此，只要新任务与原始任务性质相似（如物体堆叠或分类等基本操作），系统就能通过调用类似的 API 或函数来实现，从而简化了动作规划过程。此外，通过添加新的控制 API 或修改现有 API，可以进一步扩展代码生成的能力，以适应新的任务需求。然而，该方法也存在一些局限性。

首先，LLM 缺乏感知能力，这种分层架构的缺陷在前文已有讨论，此处不再赘述。此外，代码策略高度依赖于预先定义的提示模板，因此泛化能力有限：

1）任务类型的依赖性。每个操作都需要在代码中预先定义，例如放置物体、移动到特定位置等。策略的有效性取决于任务类型与预定义模板的匹配程度。如果遇到新的任务类型，现有代码可能无法处理，除非对代码逻辑进行扩展或修改，以包括新的操作定义。

2）泛化能力的限制。虽然该策略在处理相似类型的任务时表现良好，但在面对结构或需求变化较大的新任务时，往往需要对现有代码进行大幅调整。每当任务需求发生变化时，通常需要人工干预来更新或重新定义模板，这限制了系统的灵活性和扩展性。

3）扩展性与可维护性。随着任务类型的不断增加，代码库的维护和扩展可能变得复杂且耗时。复杂的逻辑和多样化的任务需求可能导致代码难以理解和维护，特别是在大型项目中，这一问题更为突出。

4）模板描述能力的局限性。预设的动作原语参数有限，通常只有少数命名参数可以调整。这意味着模型在生成控制代码时只能在有限的参数范围内操作，限制了提示内容的复杂性。现有方法在处理超出示例复杂性或长度的命令时能力有限。对于非常复杂或冗长的指令，模型可能无法生成准确或完整的代码，限制了系统在处理复杂任务时的表现。例如，“建造一个积木房子”这样的任务需要多个步骤和复杂的结构来构建，超出了当前模板的描述能力范围，现有示例也无法涵盖此类复杂任务。

此外，该方法假设所有给定的指令都是可行的，即生成的响应在实际操作中是正确且可行的。然而，这种假设并不总是成立，生成的代码在实际执行过程中可能会遇到错误或不可行的操作，从而影响任务的顺利完成。

5.4 基于价值图的动作级分层规划

基于价值图（Value Map）的动作级分层规划是一种间接的动作规划方法。价值图直观地指示出机器人应执行操作的区域以及应避免的区域，从而为动作规划提供必要的参考信息。本章将以 VoxPoser[㊀]为例，说明如何利用空间信息辅助动作规划。

5.4.1 空间信息与间接动作规划

动作级规划涉及生成和优化具体的运动轨迹。空间信息在动作级分层规划中主要用于提高动作规划的准确性和各子任务之间的一致性。LLM 在处理和生成自然语言方面非常强大，但直接用它们来生成机器人动作序列并不现实。这是因为机器人控制通常发生在多自由度的三维空间中，控制命令必须同时处理多个维度的数据（如位置、方向、速度等）。然而，LLM 生成的是文本形式的输出，这种形式难以有效地表达机器人的多维运动复杂度。同时，机器人控制往往需要非常精确的时间和空间参数，例如机器人手臂的关节角度、速度和位置，这些都需要以连续、高频的控制信号来实现。LLM 生成的文本输出模式难以满足这种高精度和高频率的要求，因为文本难以直接转化为精细的控制指令。此外，机器人动作控制涉及实时反馈和快速调整，因此需要连续、高频的控制信号。由于 LLM 输出的是离散的文本，缺乏实时调整能力，无法提供与机器人操作所需精度和速度相匹配的控制信号。

尽管 LLM 并不适合直接输出用于控制机器人动作序列的信息，但它们在理解和推理基于自然语言描述的任务便利性和限制方面表现出色。换句话说，LLM 可以理解任务需求和环境约束，并将这些理解转化为机器人动作规划的关键信息，从而间接实现动作级规划。如图 5.6 所示，LLM 能够根据任务目标识别和推理出执行特定任务的最

㊀ VoxPoser：Composable 3D Value Maps for Robotic Manipulation with Language Models，https://arxiv.org/pdf/2307.05973。

优区域或行为模式，同时识别出可能存在的障碍和限制（如禁止区域或潜在危险）。由此，LLM 可以间接规划与任务目标相关的最优轨迹或姿态，使该轨迹涵盖多个子任务，从而确保整体任务规划与具体行动执行之间的一致性。

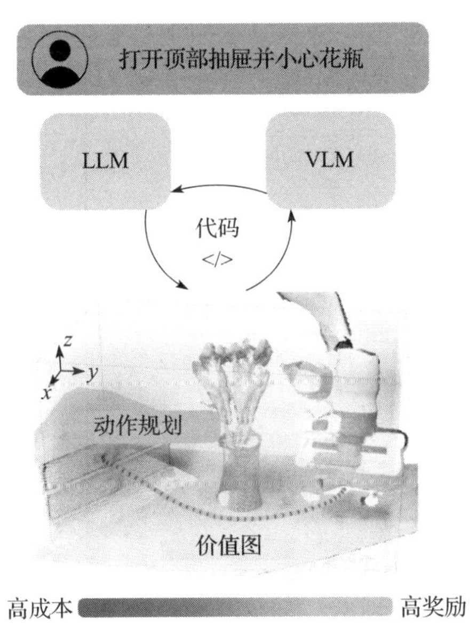

图 5.6　空间信息与间接动作规划

5.4.2　价值图

LLM 本身虽然不具备直接的空间感知能力，但可以通过分层架构与其他感知模块协作，获取机器人周围物体的三维结构，分析它们的空间关系以及其他可能影响任务执行的环境因素。例如，在接收到指令“打开顶部抽屉并小心花瓶”时，LLM 能够推断：①应抓住顶部抽屉的手柄；②手柄需要向外拉；③机器人应避开花瓶。LLM 基于任务描述生成 Python 代码，调用感知 API，并利用 RGB-D 摄像头收集环境数据，从而推断出与任务相关的空间便利性和约束。通过与 VLM 的协同，LLM 可以在三维空间中标记这些信息，生成价值图。

图 5.7 展示了如何通过 LLM 和 VLM 生成价值图。首先，LLM 根据任务指令调用 VLM 识别环境中的相关对象，然后生成代码来初始化一个覆盖整个工作空间的体素

图（Voxel Map）。体素图是一种三维数据结构，用于表示和管理三维空间中的信息。每个体素代表三维空间中的一个小立方体，可以存储关于空间属性的信息，例如颜色、密度和位置等。在此过程中，体素图是生成价值图的基础结构，因为它将环境划分为一系列可度量的空间单元。

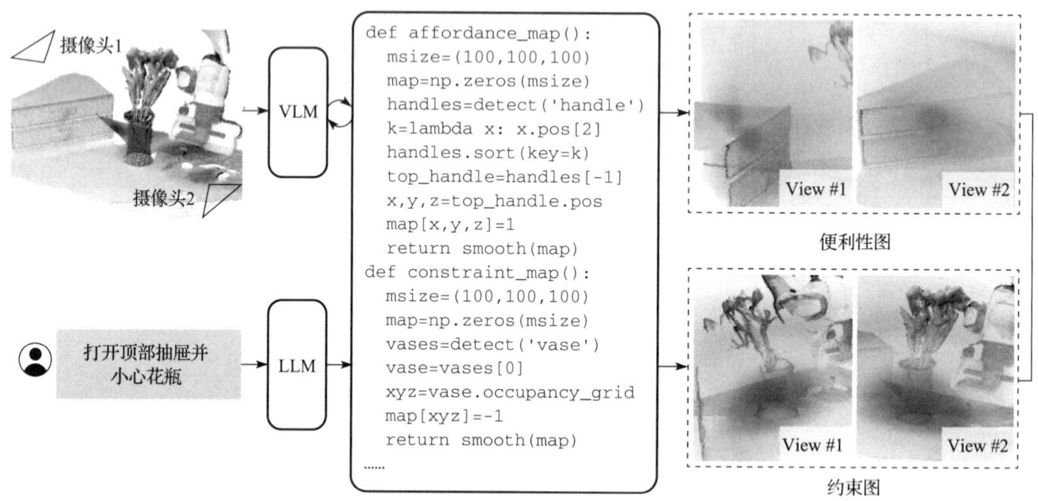

图 5.7 价值图的生成过程

价值图是基于体素图生成的，它结合了便利性图（Affordance Map）和约束图（Constraint Map）来指导机器人动作规划。价值图中的每个体素被赋予特定的数值，表示该空间单元在完成任务时的优先级或成本。例如，在价值图中，值较高的区域代表机器人应优先考虑的区域（如操作的目标位置），而值较低的区域代表应避免或不适合操作的区域（如障碍物）。

便利性图是价值图的重要组成部分，用于标识机器人在三维空间中可以执行任务的最优区域。它标记出环境中适合进行特定操作（如抓取、移动）的空间区域。在图 5.7 中，函数 affordance_map() 定义了如何在三维空间中识别和定位抽屉手柄的便利性区域。通过 detect（'handle'）函数调用视觉模型，机器人识别出环境中的抽屉手柄。对于任务“打开顶部抽屉”，模型检测到多个手柄，LLM 通过推理选择顶部抽屉的手柄，并将其标记在体素图上。LLM 将便利性值分配给对应的体素（例如，值为 1），表示这是机器人应执行操作的目标区域。

约束图是价值图的另一部分，表示机器人应避免的区域，例如障碍物或不适合通过的狭窄空间。LLM 通过感知数据获取对象的空间几何信息，并在三维体素空间中标记这些区域。例如，函数 constraint_map( ) 使用视觉模型检测到花瓶的位置，然后将花瓶周围的体素标记为低值或负值，表示机器人应避开的区域。这样，约束图在价值图中为每个体素赋予了额外的成本或限制信息，以避免不当的动作路径。

在生成的价值图中，便利性图和约束图共同决定每个体素的价值。机器人利用这些信息制订其运动计划，使得其末端执行器能够安全且有效地移动。例如，基于价值图中的高价值区域，机器人末端执行器被引导至顶部抽屉的手柄位置，同时避开花瓶等障碍物。随后，系统生成新的价值图以指导机器人完成接下来的操作，如打开抽屉。

5.4.3 动作规划

价值图为机器人提供了一种可视化且定量的方式来规划其动作，在具体的动作规划中，需要通过价值图中的信息得到不同类型的信息地图，这些地图在机器人任务规划和执行中承担着不同的角色。

例如，机器人的末端轨迹规划需要目标地图和障碍物地图，并计算出总成本地图。目标地图是通过价值图中的便利性信息，标记出环境中适合操作的目标位置。这些位置可能是任务要求的目标，如抓取物体的位置、移动到的位置等。根据这些目标位置，可以计算每个空间点到目标的距离，通过距离变换生成一个初步的成本地图。这个成本地图表示从任意点到最近目标点的距离，值越小表示越接近目标点，值越大表示距离目标点越远。

障碍物地图利用价值图中的约束信息，标记出环境中的障碍物位置。这些位置通常代表机器人无法到达或应避免的区域。为了使障碍物信息更具实用性，障碍物地图通常经过高斯滤波和归一化处理，以表示障碍物在空间中的分布情况。通过这种处理，障碍物地图不仅标记了具体的障碍物位置，还为周围区域赋予了一定的成本，形成一个渐变区域，提示机器人应避开的范围。

总成本地图是将初步生成的成本地图与障碍物地图结合而成的。这个总成本地图综合考虑了从任意点到目标的路径成本以及避开障碍物的需求。高成本区域代表需要避开的区域（如障碍物或远离目标的位置），低成本区域代表机器人应优先选择的路径（靠近目标且避开障碍物）。总成本地图是机器人路径规划的核心，它表示从任意位置到目标位置的综合成本，考虑了路径上的便利性（如接近目标）和约束（如避开障碍物）。

贪婪策略是一种常用的路径规划算法，根据总成本地图来规划路径。在每一步中，算法选择成本最低的体素作为下一个移动点，路径持续更新，直到满足停止条件或达到最大步数限制为止。每次选择后，当前位置的成本被人为提高，防止算法回到先前的位置。若周围没有更低成本的体素，或当前成本已过高，则停止搜索。生成的原始路径需进一步后处理，包括平滑和曲率计算，以减少路径上的急转弯，并根据曲率和特定间隔对路径进行裁剪，确保其实用性和安全性。这一路径规划过程利用了科学计算库（如 NumPy 和 SciPy）来处理地图数据并执行数学运算。

通常的动作规划还包括末端执行器的姿态规划，例如当末端执行器到达价值图中标记的高价值点时，利用集成传感器（如视觉和力觉传感器）来确认操作的最佳时机。当传感器数据验证夹具（末端执行器）在适当位置和姿态时，触发抓取或释放动作。为了实现这些末端执行器的动作规划，价值图还需要扩展为旋转图（Rotation Map）、夹具图（Gripper Map）和速度图（Velocity Map）。这些扩展图分别用于确定末端执行器在特定点的朝向、夹具状态（开或关）以及移动速度。

旋转图定义末端执行器在每个空间点上的旋转方向，确保机器人在执行任务时不仅位置正确，方向也准确。例如，当末端执行器接近手柄时，旋转图提供正确的朝向，确保以最佳角度进行抓取。夹具图指定夹具在空间中不同点的状态（开或关），确保在合适的时机抓取或释放物体。速度图则定义机器人在 3D 空间中不同点上的目标速度，以适应不同的操作需求，如精细操作或快速移动。

旋转图、夹具图和速度图等并不直接作为一种“成本”值来使用，它们不像成本地图那样为路径规划提供一个数值化的成本用于路径选择。然而，它们可以被纳入到整个优化过程当中，作为参数化轨迹的重要组成部分。也就是说，在动作规划中，这些图共同作用，确保路径不仅满足空间位置的要求，还考虑末端执行器的朝向、夹具状态和速度。在实际应用中，这些参数化的轨迹通过优化算法（如基于成本函数的优化）整合到机器人运动规划中，确保满足动作指令，同时遵循物理和操作约束。

图 5.8 展示了机器人在执行多个不同任务时如何利用价值图来进行动作规划和执行。每个任务都分为若干步骤（$t=1$、$t=2$、$t=3$ 等），展示了机器人从开始到完成任务的过程。图中的价值图以不同颜色表示了空间中各点的价值，指导机器人在环境中的路径规划、末端执行器的位置调整、旋转、速度以及操作行为。在每个任务中，价值图通过以下方式指导机器人的动作规划和执行：

- 任务分解。通过高价值点的标记，价值图将复杂任务分解为一系列子任务，引导机器人逐步完成整体任务。
- 路径规划。价值图为机器人提供了最佳路径，以确保机器人在环境中高效、安全地移动。
- 末端执行器控制。价值图指导末端执行器的方向、位置、夹具状态和速度，以确保执行器在接近和操作目标时的准确性。

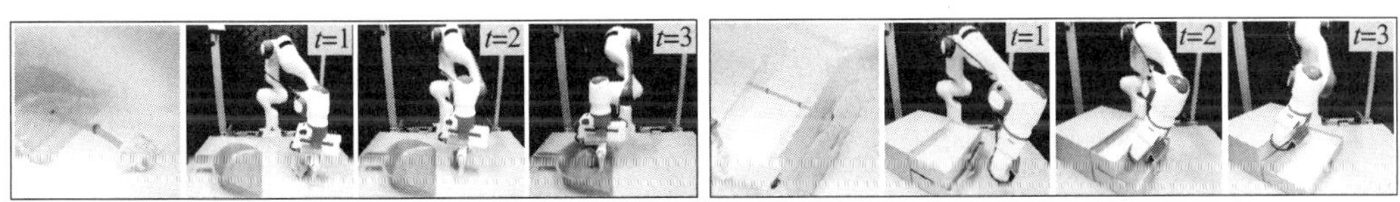

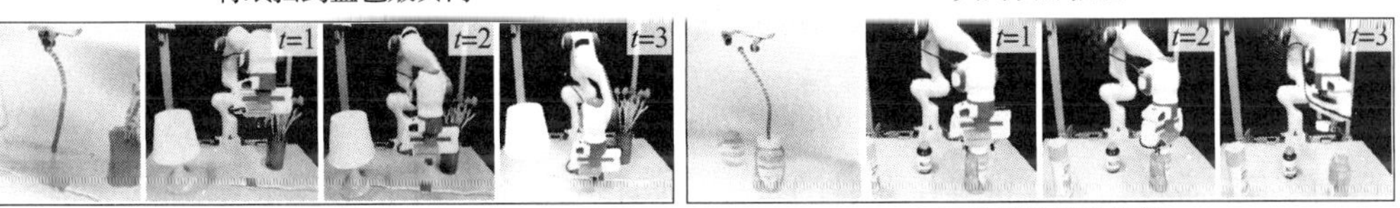

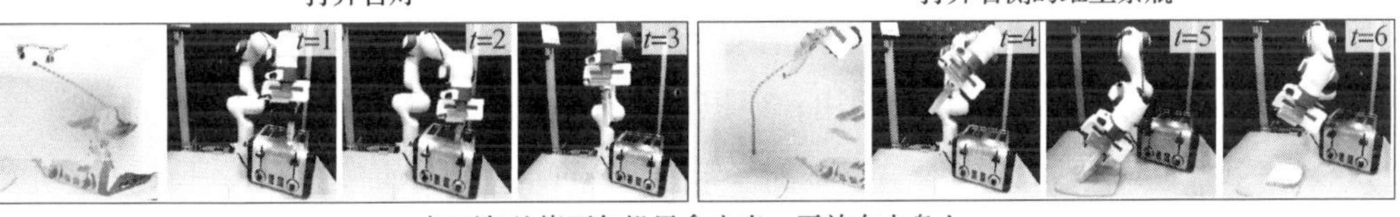

图 5.8　基于价值图的多任务动作规划

在动态环境中，这些图可能需要实时更新以反映环境的变化。模型预测控制（MPC）是一种有效的策略，可以利用实时更新的映射（如价值图、旋转图、夹具图和速度图）来不断调整机器人的行动计划。MPC 通过持续监测环境和机器人的状态，根据最新的感知信息实时调整路径规划，使机器人以最安全、最有效的方式接近目标。它不仅根据当前的环境反馈调整机器人的路径，还能动态决定何时执行末端执行器的具体动作。例如，在机器人执行推拉操作时，如果检测到推动未按预期进行，MPC 可以实时调整推动的力度或方向，以确保任务顺利完成。

5.4.4 价值图的构建 Prompt

价值图的构建采用了代码即策略的方法，仍然依赖于预先定义的任务级模板。如图 5.9 所示的 Prompt 片段展示了如何使用编程和空间计算来构建便利性图，从而精确地确定机器人在执行特定任务时的操作位置。在这个例子中，机器人被指示找到与“含柠檬的托盘”相关的特定空间位置，具体为托盘左侧 4cm 和顶部 10cm 的点。

```
# Query:a point 4cm to the left of and 10cm on top of the tray that contains the lemon.
affordance_map=get_empty_affordance_map()
tray_with_lemon=parse_query_obj('tray that contains the lemon')
(min_x,min_y,min_z),(max_x,max_y,max_z)=tray_with_lemon.aabb
center_x,center_y,center_z=tray_with_lemon.position
# 4cm to the left of so we subtract from y-axis,and 10cm on top of so we add to z-axis
x=center_x
y=min_y-cm2index(4,'y')
z=max_z+cm2index(10,'z')
affordance_map[x,y,z]=1
ret_val=affordance_map
```

图 5.9 便利性图的 Prompt 模板片段

代码首先调用 get_empty_affordance_map( ) 函数来创建一个空的便利性图。这张图将用于记录机器人在执行任务时的重要空间位置。这一步的目的是为机器人提供一个基于空间的“地图”，以标记任务相关的关键区域。接下来，parse_query_obj('tray that contains the lemon') 函数被调用，以识别任务中的关键对象——含柠檬的托盘。通过这种方式，机器人可以获取与目标对象相关的空间信息，如位置和尺寸。这是机器人理解环境中物体关系的关键一步。通过获取托盘的轴对齐边界盒（AABB），代码确定托盘在空间中的范围，用（min_x，min_y，min_z）和（max_x，max_y，max_z）来表示。同时，通过（center_x，center_y，center_z）获取托盘的中心位置。这些信息用于进一步的空间计算，为机器人提供参考点来确定相对于目标对象的具体操作位置。

然后，通过空间计算来确定机器人应该操作的精确位置。在 Y 轴方向上，目标点向托盘左侧移动 4cm；在 Z 轴方向上，目标点向托盘顶部移动 10cm。为了实现这些位移，代码使用了 cm2index( ) 函数将厘米转换为空间地图的索引单位，并相应地调整 min_y 和 max_z 来确定新的坐标位置。一旦目标位置被确定，代码在便利性图中将该位置标记为 1，表示这是一个机器人可以执行操作的关键点。这种标记提供了对机器人操作的明确指导，使其知道在环境中哪个位置是最优的操作区域。

5.4.5 优势与局限性

前文介绍了基于动作原语的直接规划方法。动作原语是指预定义的、具有特定语义的动作模块，如抓取、旋转、推动等。这些原语通常需要根据机器人的具体应用场景进行详细设计和优化。该方法往往依赖领域专家的专业知识，通过深入分析各种任务情境来设计和实现一组能够应对多样任务的动作原语集合。

虽然采用“代码即策略”的方式，可以通过 Prompt 模板来定义环境与子任务集合，并利用大语言模型的编程能力来组合子任务与动作原语，从而在不同的场景中实现一定程度的泛化。但是，这种方法的泛化能力主要局限于同一类型的任务，即任务结构和目标较为相似的情况。在这种情况下，系统可以通过重新组合预定义的动作原语来完成不同场景下的任务。

对于不同类型的任务，即任务目标、结构和操作方式显著不同的情况，例如，如果新任务涉及与原始任务集合完全不同的操作步骤、环境约束或目标对象，那么预先设计的动作原语和组合策略可能不再适用。这时，系统无法通过简单的代码逻辑组合现有动作原语来应对新的任务需求，而需要重新设计和优化新的动作原语集合。

相较于基于动作原语的直接规划方法，价值图方法虽然也需要通过“代码即策略”的方式，并使用 Prompt 模板来定义如何将环境中的关键位置映射到便利性图和约束图上，但它在多任务泛化能力方面表现得更加优越。

这是因为价值图方法将环境中关键位置的计算和映射视为一种通用的操作过程。无论具体任务如何变化，机器人都需要在环境中确定可以执行操作的区域（便利性）以及应该避开的区域（约束）。这种过程在不同的任务中具有一致性，即使任务目标不同，价值图方法也可以通过分析环境中的空间关系来动态计算出操作区域与约束区域。因此，计算机器人应执行操作的区域和应避免的区域可以视为一种通用的任务类型。

价值图方法中用于空间评估的动作原语也具有较高的多任务泛化能力。因为价值图方法通过一个统一的框架来评估空间中的位置价值，而无论具体任务如何变化。价值图方法关注环境中的空间关系，通过实时分析这些关系来指导机器人的动作。对于诸如“在物体附近寻找最佳操作位置”或“避开障碍物”等空间关系的分析，价值图提供了一种任务无关的解决方案。这种动态评估能力使得机器人能够适应不同任务，而不需要为每个任务定义特定的动作原语。

但是基于价值图的方法也可能面临速度、响应时间以及计算成本的挑战。由于价值图通常包含大量的空间数据点，每个点都需要计算和更新其便利性和约束值，因此在三维空间中的大规模数据处理会消耗大量的计算资源，导致处理时间增加。特别是在环境频繁变化的情况下，价值图需要不断更新以反映新的环境状态，这涉及重新计算环境中每个点的便利性和约束，可能非常耗时。此外，动作规划不仅需要考虑空间位置，还要考虑末端执行器的方向、速度等高维因素。解决此类高维度优化问题通常需要更复杂的算法，进一步增加了计算负担。同时，价值图的 Prompt 模板自身描述能力的局限性也限制了其在复杂任务场景的使用。

5.5 基于空间位置约束的动作级分层规划

在人类的先验知识中，日常操作可以被视为一系列空间位置上的约束。例如，锤钉子这一动作的限制是需要将锤子置于钉子上方，并以合适的姿态和力度进行敲击。基于空间位置约束的动作级分层规划方法，将大模型中的常识推理与机器人领域的轨迹优化（Trajectory Optimization）算法结合起来，从而提升机器人动作规划的准确性与泛化能力。本节将以 CoPa ⊖为例，探讨这一动作规划方法。

5.5.1 空间位置约束与轨迹优化

CoPa 采用了一种典型的分层架构，尽管其利用了视觉语言模型来进行动作规划，但依然需要借助特殊的视觉模型对感知信号进行预处理。这些预处理步骤包括对场景图像的分割以及深度信息的获取。在 CoPa 提出的基于空间位置约束的动作级分层规划框架中，机器人操控任务被分解为两个主要阶段：物体的初始抓取和完成任务所需的后续操作。

以图 5.10 中的"锤钉子"任务为例，第一阶段是抓取阶段，涉及如何将锤子抓取到适合的位置，确保抓取的稳固性和精确性。第二阶段是操作阶段，在这一阶段，机器人必须将锤子调整到正确的姿态，使其能够对准钉子，并执行敲击操作。

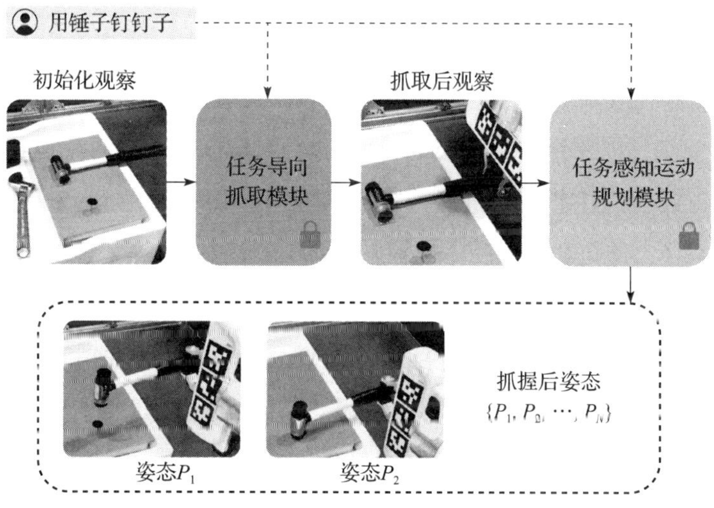

图 5.10 抓取模块和规划模块

在第一阶段中，需要确定机器人末端执行器如何抓取锤子，这类似于为任务准备工具。例如，如果任务是锤钉子，机器人需要从初始观察中识别锤子的位置和方向，

⊖ CoPa：General Robotic Manipulation through Spatial Constraints of Parts with Foundation Models，https://arxiv.org/pdf/2403.08248。

然后确定最佳的抓取方式，如图 5.10 中的任务导向抓取模块所示。这一步主要解决工具的抓取问题。

第二阶段是关于抓取完成后如何执行任务。在抓取后观察的基础上，需要根据任务需求生成一系列的末端执行器目标姿态，即锤钉子的动作姿态序列，如图 5.10 所示的 $\{P_1,P_2,\cdots,P_N\}$。此阶段由任务感知运动规划模块负责，确保锤子的敲击路径和姿态正确，使得钉子能够被成功敲入。

因此，基于空间位置约束的动作级分层规划方法的核心是为机器人的末端执行器生成一系列目标姿态以及空间约束条件，并通过轨迹优化算法来实现相邻目标姿态之间的转换。轨迹优化算法在满足这些约束条件的前提下，计算出一条最优路径，以确保机器人运动的安全性和流畅性。根据任务需求和环境复杂性，轨迹优化通常可以分为以下两类：

1）无碰撞轨迹优化。在没有障碍物或干扰物的环境中，轨迹优化主要关注从起点到目标点的最优路径规划。目标是使机器人能够以最短的时间、最低的能耗或最平滑的路径，从一个姿态转换到另一个姿态，同时确保不与环境中的其他物体发生碰撞。举例来说，在锤钉子的任务中，机器人在抓取锤子并将其移动到钉子上方的过程中，必须精确规划路径，避免与周围物体接触。

2）带碰撞轨迹优化。在某些任务中，机器人需要与环境中的物体进行直接接触，这种情况下，轨迹优化不仅要规划路径，还需考虑接触的力学特性。例如，在锤钉子的任务中，机器人在敲击钉子时，锤子与钉子之间存在直接接触，此时需要控制锤子施加的力和方向。带碰撞优化在此过程中确保机器人在接触点的操作是可控且精确的，既保证了任务的成功执行，又避免对物体造成损坏。例如确保钉子被正确敲入，并且避免过度用力造成钉子弯曲或损坏。

通过给定不同的目标位置，最优控制方法可以生成不同的轨迹。在这个过程中，虽然具体的轨迹形式可以灵活多样，但最终的目标位置是有明确限制的。轨迹优化不仅提高了任务执行的效率和安全性，还显著增强了运动过程的平滑性和准确性，尤其在涉及复杂动态交互的场景中。

5.5.2　面向任务的抓取

在面向任务的抓取阶段，CoPa 需要规划末端执行器的抓取姿态和抓取部位，以满足特定任务的要求。视觉语言模型（如 GPT-4V）在此过程中起到了关键作用，通过解析自然语言指令、关联环境信息和动态调整策略，确保抓取动作的精确性和成功率。整个过程可分为两个主要阶段：粗略物体定位和细致部分定位，如图 5.11 所示。

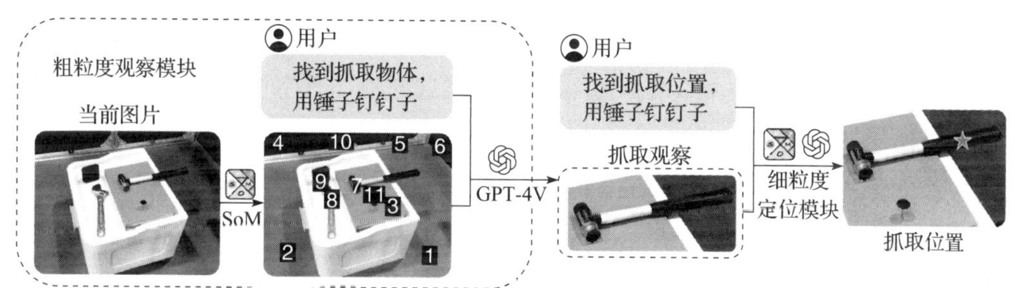

图 5.11　粗细粒度定位模块

在粗略物体定位阶段，CoPa 系统利用 Set-of-Mark（SoM）技术对场景图像进行分割和标记，将图像划分为多个区域，并为每个区域分配数字标记。用户通过自然语言指令（例如“找到抓取物体，用锤子钉钉子”）提供任务目标，视觉语言模型（如 GPT-4V）解析指令，理解任务目标及相关对象，利用 SoM 标记来识别与任务相关的物体，例如识别出图中的锤子和钉子。通过这种粗略定位，系统可以初步确定场景中的抓取对象。

完成粗略物体定位后，CoPa 进入细致部分定位阶段。在该阶段，视觉语言模型对已识别的物体进行更精确的分析，确定具体的抓取部分或执行任务所需的特定区域。例如，在“锤钉子”任务中，系统会进一步识别锤子的最佳抓取部位，即锤子的把手，而不是锤头。

这一过程依赖于环境的深度信息，例如 RGB-D 图像，并使用立体视觉技术将其反投影为点云数据。该转换过程确保了从二维图像到三维空间的精确映射，为后续抓取分析提供必要的三维结构信息。接下来，这些点云数据被输入到 GraspNet 中，GraspNet

是一个经过大规模数据集训练的高级抓取识别模型，该数据集包含超过十亿个抓取姿态。GraspNet 输出多个 6-DOF（六自由度）抓取候选，这些候选包括抓取点的精确位置及其宽度、高度、深度等属性，并附有“抓取分数”，表示每个抓取动作成功的概率。

由于 GraspNet 可能生成大量潜在抓取姿态，直接使用这些输出可能效率不高。因此，CoPa 引入了一种基于任务的智能筛选机制。该机制利用视觉语言模型，如 GPT-4V，根据特定任务需求和环境上下文，对所有潜在抓取候选进行评估和筛选。筛选过程不仅考虑抓取分数的高低，还综合考虑候选抓取与任务目标的相关性。例如，在精细操作任务中，如装配或精密机械操作，优选的抓取姿态应尽量减少对操作对象的干扰和损害。

5.5.3 任务感知动作规划

在完成任务导向的抓取后，CoPa 需要生成一系列后续机器人末端执行器姿态，以顺利完成整体任务。图 5.12 中展示了该过程的 3 个关键步骤：任务相关部分的定位、操控约束的生成以及目标姿态的规划。

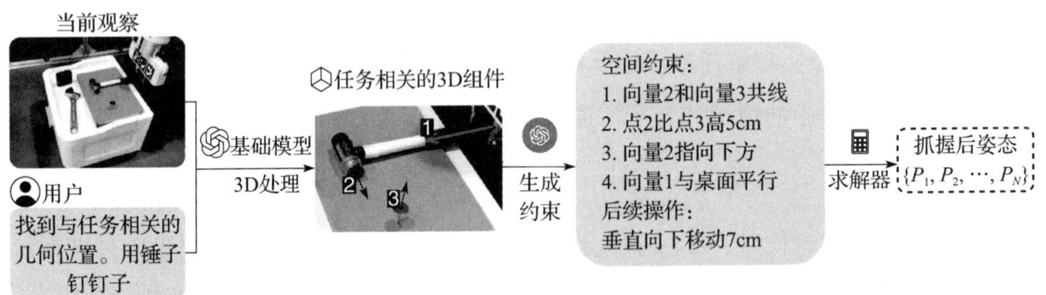

图 5.12 空间几何约束

1）任务相关部分的定位。在这一阶段，系统扩展了先前的抓取定位方法，利用粗略物体定位和细致部分定位相结合的方式，精准识别与任务相关的物体部分。例如，在“锤钉子”任务中，视觉语言模型识别出了锤子的关键部分，如打击面、握柄和钉子的表面。

2）操控约束的生成。任务相关的物体通常需要满足特定的空间几何约束，这些约束对于任务的成功至关重要。例如，锤子必须以正确的姿态对准钉子。CoPa 通过视觉语言模型生成这些任务相关部分的空间几何约束，并在场景图像上进行标注和计算。几何约束简化为向量和表面，并映射到三维空间中。图 5.12 中展示了几种常见的约束：

- 向量共线：向量 2 和向量 3 必须共线，表示两者需保持在同一直线上。
- 点间距离：点 2 比点 3 高 5cm，这规定了两点之间的相对空间位置。
- 向量方向：向量 2 需指向下方，确保锤子的手柄朝向地面。
- 向量关系：向量 1 与桌面平行，确保锤子在操作时与桌面保持平行。

这些几何约束为物体在空间中的位置和方向提供了必要的信息，确保物体在抓取后被正确操作。

3）目标姿态的规划。在获取操控约束后，CoPa 通过计算一系列 SE(3) 矩阵规划出满足这些约束的抓取后姿态。SE(3) 矩阵结合了物体的旋转（SO(3)）和平移（$\boldsymbol{R}^3$），用于描述物体在空间中的变换。其公式如下：

$$\boldsymbol{T}=\begin{bmatrix}\boldsymbol{R} & \boldsymbol{t}\\ \boldsymbol{0} & \boldsymbol{1}\end{bmatrix}\in \mathrm{SE}(3)$$

其中，$\boldsymbol{R}$ 是旋转矩阵，$\boldsymbol{t}$ 是平移向量。SE(3) 矩阵可以作用于三维点 $\boldsymbol{p}$ 和向量 $\boldsymbol{V}$，计算变换后的点和向量：

$$\boldsymbol{T}(\boldsymbol{p})=\boldsymbol{R}\boldsymbol{p}+\boldsymbol{t},\quad \boldsymbol{T}(\boldsymbol{V})=\boldsymbol{R}\boldsymbol{V}$$

在该过程中，旋转矩阵 $\boldsymbol{R}$ 用于调整向量的方向，平移向量 $\boldsymbol{t}$ 则改变物体的位置。例如，向量 2 和向量 3 的共线性约束会影响 SE(3) 矩阵中的旋转部分 $\boldsymbol{R}$，确保物体的旋转方向符合任务要求。点 2 在点 3 上方 5cm 的约束则直接影响平移向量 $\boldsymbol{t}$，调整物体的空间位置。

为了确保约束得到满足，系统会为每个约束定义相应的损失函数。损失函数的定义依据物体的实际位置和目标位置或方向之间的差异。

- 点约束的损失：定义为点的实际位置与目标位置之间的距离。
- 向量约束的损失：定义为向量与目标方向之间的角度差。

系统会对每个约束计算损失，然后对所有损失进行累加，形成总损失函数：

$$L_{\text{total}} = \sum_i L_i$$

为了最小化总损失，CoPa 系统使用非线性求解器（如 BFGS 算法或信赖域约束优化算法）迭代调整 SE(3) 矩阵中的旋转和平移参数。通过不断优化，系统最终找到最小化总损失的 SE(3) 矩阵。

找到最优的 SE(3) 矩阵后，系统将其应用到机器人末端执行器的抓取点和操作向量上，推导出后续的姿态。这些姿态不仅满足了所有的几何约束，还通过 SE(3) 矩阵实现了物体的流畅操作。例如，图中“垂直向下移动 7cm”的动作就是在最优姿态的基础上进行的简单平移操作，以确保任务的顺利完成。最终系统生成了一系列满足约束条件的姿态 $\{P_1, P_2, \cdots, P_N\}$，确保任务高效、准确地完成。

5.5.4 视觉语言模型与 Prompt

在基于空间位置约束的分层动作规划中，视觉语言模型（VLM）发挥了至关重要的作用。为了进一步提高 VLM 在特定任务中的理解和执行能力，CoPa 采用少样本提示（few-shot prompt）作为桥梁，提供针对任务的抓取和运动规划的设计示例。这些提示示例通过思维链（Chain of Thought，CoT）推理方法，逐步描述任务的执行过程，以确保模型能够准确推导出任务步骤。

在图 5.13 所示中的定位任务的 Prompt 中，需要帮助 VLM 理解图像中的任务相关区域或部件。这些 Prompt 由任务描述、分析过程和对象标签等部分组成。

如图 5.13 所示，末端执行器的任务是使用刷子将纸球扫入簸箕。Prompt 首先描述了任务的基本要求——使用刷子将纸球扫进簸箕。任务要求包括识别关键物体（如刷子和纸球）以及相关的动作（扫动）。

我已经选择了你刚才选择的物体，对它们进行了额外的分割，并在照片上标记了它们。现在你的任务是识别出完成任务所需的线条或表面对应的数字。
为了帮助你理解，我将展示几个例子。

例子1：
指令：用刷子将纸球扫进簸箕。

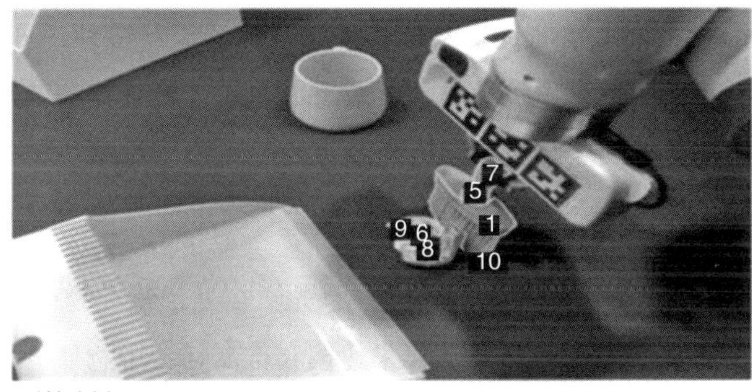

<开始分析>
在这个任务中，我们需要使用刷子将纸球扫进簸箕。
由于机器人手臂操作的唯一物体是刷子，其最重要的部分是刷毛（标记为数字1），保留数字1是必须的。
数字5和7代表刷子的手柄，较小，不需要与纸球互动。
数字10是刷子的一个不重要的角落。
数字6、8和9属于纸球，只需随刷子移动，因此没有必要保留。
<结束分析>
对象标签: [1]

图 5.13　定位任务的 Prompt

此外，Prompt 帮助 VLM 区分任务中的关键部分和次要部分。在这个例子中，刷子的手柄（标记为数字 5 和 7）以及刷子的角落（数字 10）并没有直接影响任务的完成，因此被视为次要、不必要的部分。而与纸球相关的部分（数字 6、8 和 9）仅需随刷子移动，因此也不需要单独进行操作。刷毛部分（标记为数字 1）则是最关键的部分，因为它与纸球直接接触，执行扫动动作。

5.5.5　优势与局限性

基于空间位置约束的分层动作规划通过大模型（如 GPT-4V）的常识推理能力来确定任务的目标位置、操控约束以及末端控制器的关键姿态。这种方法在简化动作规划的复杂度方面表现出色，特别是通过将复杂任务分解为空间约束和姿态规划，再结合传统的动作规划算法（如快速随机树 RRT 或概率路线图 PRM），实现相邻姿态的平滑过渡。

这种方法的一个显著优点在于其较高的任务泛化能力。由于大模型具备常识推理和场景理解能力，能够处理不同任务中的关键空间关系和约束，因此在面对相似任务或场景时，系统能够通过调整空间位置和操控约束，灵活应对多种任务需求。例如，无论是抓取物体、堆叠物体还是操控工具，系统可以依赖于常识推理，迅速生成适应这些任务的末端执行器姿态和路径规划。因此，该方法在静态或结构相似的任务中展现出良好的任务泛化能力。

然而，这种方法在某些方面仍存在局限性。首先，在处理复杂物体方面，CoPa 目前依赖于简单的几何元素（如表面和向量）来建模和推断任务中物体的空间关系。这种基于简化几何模型的方法在处理形状复杂或动态变化的物体时可能表现得不够灵活和精确。为了解决这一问题，可以引入更复杂的几何元素，如曲面、多面体或自由形态曲面，从而增强模型对复杂物体的理解和操作能力。这将使 CoPa 能够在现实世界中更精确地建模和操作各种复杂物体。当面对动态场景或需要实时调整的复杂任务（如处理动态物体或复杂的环境变化）时，基于空间位置约束的分层动作规划可能难以实现实时的动态调整。例如，在类似拍球等任务中，动态变化的环境和物体需要更高级的实时规划能力，而现有的基于空间位置约束的方法，尚未能够有效应对这些快速变化的场景。

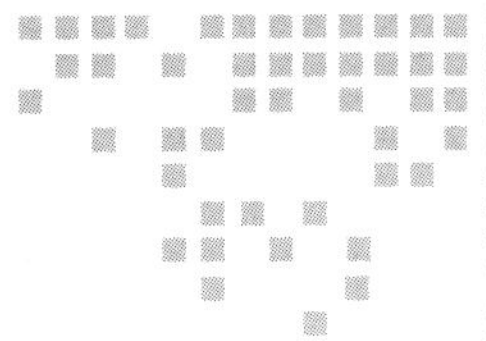

第6章 Chapter 6

端到端动作级规划

动作级规划是具身智能系统中最复杂的部分，尤其在分层规划中，时效性问题尤为突出。为应对这一挑战，端到端规划通过一个统一的模型，试图实现从原始感知数据到动作序列的直接映射。相比于分层规划，端到端规划的优势在于能够减少各模块之间的接口依赖，降低信息损失，使系统能够直接从数据中学习最优的行动策略。然而，在高自由度的人形具身条件下进行动作级规划时，端到端规划面临的复杂度问题仍需进一步解决，尤其是在训练具身大模型时，这一挑战尤为显著。

6.1 统一模型与多任务模型

统一模型（Unified Model）和多任务模型是端到端设计中两种典型的方法。统一模型将从传感器输入到最终输出的所有处理步骤整合在一个统一的网络框架中，消除了功能模块之间的明确划分，如感知、决策和规划。相比之下，多任务模型则侧重于多个任务的联合优化。如图6.1所示，自动驾驶领域中的多任务模型通过多组查询向量（例如跟踪查询和地图查询）串联不同任务，并在网络中传递信息，最终将融合后的信息输入至规划模块。

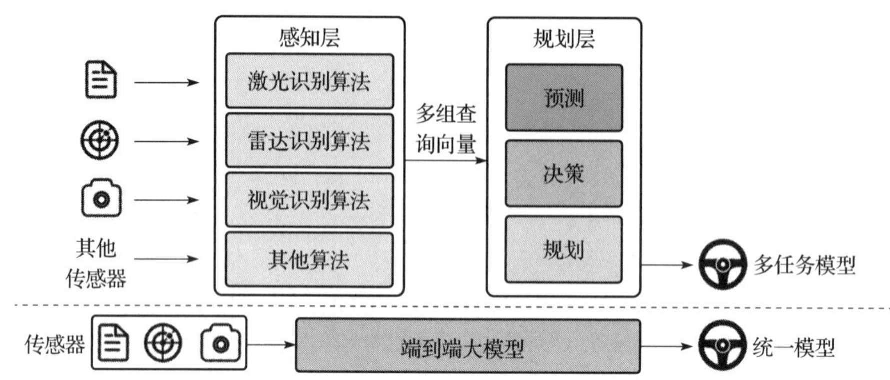

图 6.1 自动驾驶领域中的统一模型和多任务模型对比

从架构上看，多任务模型的端到端架构与传统的分层架构有相似之处，但在网络结构的细节和训练方案上存在显著差异。在多任务模型中，不同模块之间的输出不再基于人类定义的传统层次（如从感知层到决策层），而是通过多组查询向量进行传递。规划模块则根据这些向量的输出进行动作规划。与传统的模块化模型不同，多任务模型在训练过程中必须支持跨模块的梯度传导，即所有模块必须同时训练，确保全局优化。这种设计方式能够通过联合优化各个任务来提高模型的整体表现，特别是在处理多个复杂任务时，能够共享信息，提升效率和准确性。

相比之下，统一模型的端到端架构从原始信号的输入到规划轨迹的输出，所有的处理步骤均由一个统一的深度学习模型完成，消除了感知、决策和规划等功能的明确分工。这类模型可以基于多种学习框架进行构建，例如强化学习、模仿学习或生成式模型（如世界模型）。统一模型的最大优势在于，它能够实现整个系统的全局优化，不需要在模块之间进行信息传递，从而减少接口复杂性，并能够最大化利用从环境中获取的全面数据。这种设计使得模型能够获得对环境的深刻理解，并通过统一的训练框架，提升其对真实世界各种复杂场景的适应能力。

无论是多任务模型还是统一模型，它们的设计目标都是通过全局优化的视角，确保梯度反向传播能够覆盖整个网络，实现任务间或全系统的协同优化。与传统的模块化设计相比，端到端设计虽然在训练和调试的复杂性上有所增加，但理论上，端到端设计具备更高的性能上限。这是因为端到端设计能够利用更多的综合数据源，涵盖感知、决策、规划等多项任务，从而实现更为准确的预测和决策。此外，端到端设计在理解环境和与其他物体交互方面展现出高度的通用性，具备很强的跨领域适应能力。例如，在机器人领域，端到端设计能够为从感知到运动控制的各个环节提供统一的解决方案，从而为跨领域模型的应用和共享奠定基础。

尽管端到端设计具备理论上的优势，但在实际应用时，统一模型和多任务模型各有优缺点。统一模型简化了系统的设计，适合需要对全局任务进行深度学习和整体优化的场景，适合高数据要求的任务，但在训练难度和调试复杂性上存在挑战。多任务模型则通过将多个任务进行联合优化，使得复杂系统能够同时处理不同功能模块的任务，在多任务场景中表现更优，但在任务之间的协同训练时，可能面临冲突和权衡，增加了训练难度。因此，选择哪种模型应根据实际应用的需求、任务复杂度和计算资源进行权衡。

6.2 视觉语言动作模型

视觉语言动作模型（Vision-Language-Action Model）是一种典型的端到端统一模型，采用与其他基础模型类似的 Transformer 架构。该模型通过将机器人动作编码为类似语言的文本标记，并结合大规模的视觉语言数据集进行联合训练。这种设计使得动作的规划过程与大语言模型生成自然语言的方式相似，展现了具身智能领域中端到端动作规划的创新性。Google 的 RT-2（Robot Transformer-2）[㊀]是该类视觉语言动作模型的代表，本节将以 RT-2 为例，详细阐述该模型的运动规划方法。

6.2.1 动作规划流程

在视觉语言动作模型 RT-2 中，动作规划不仅包括自然语言的解析，还包括视觉信息的处理，并将这些信息转化为可供机器人末端执行的具体动作。该模型的核心创新在于通过统一自然语言指令、视觉输入和机器人动作的表征，实现复杂任务的

㊀ RT-2：Vision-Language-Action Models Transfer Web Knowledge to Robotic Control，https://arxiv.org/pdf/2307.15818。

自动化执行。

RT-2 是一个通过结合视觉信息和语言指令基于 Transformer 架构训练的模型，它在视觉语言数据集上进行训练，并通过机器人数据进行微调，使得模型能够生成适合实际任务的动作规划。如图 6.2 所示，在推理过程中，RT-2 首先接收任务描述，例如“机器人应如何执行这个任务?”，该任务以自然语言形式输入系统。与此同时，系统通过摄像头捕获的场景图像被输入到视觉变换器（Vision Transformer，ViT）中。ViT 模块负责从图像中提取关键信息，如物体的位置、环境的布局等视觉特征。ViT 模块与语言处理模块相互结合，在一个统一的 Transformer 架构中进行处理，从而生成适合机器人执行的动作序列。

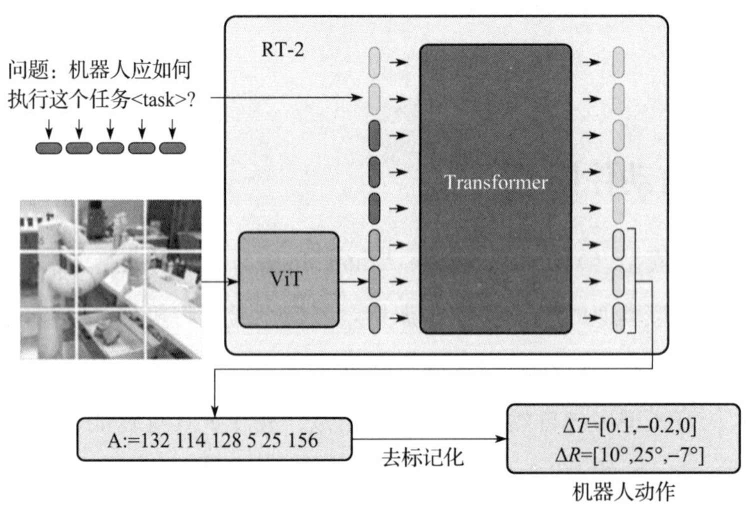

图 6.2　RT-2 的详细架构

这些动作序列以标记（token）的形式存在，每个标记对应一个预定义的机器人动作。例如，动作标记序列“132 114 128 5 25 156”中的每个数字代表特定的动作编码。随后，这些动作标记需要进行去标记化，即将数字形式的动作标记转换为机器人能够执行的物理动作参数。具体来说，动作参数通常包括位置变化（ΔT）和旋转角度（ΔR）。例如，$\Delta T=[0.1,-0.2,0]$ 表示机器人沿着三维空间的某些轴的位移，而 $\Delta R=[10°,25°,-7°]$ 描述了机器人关节的旋转角度变化。

该技术的关键挑战包括如何有效地将动作序列标记化，如何为这些标记找到合适的嵌入表示，以及如何针对特定任务优化模型的训练。通过解决这些挑战，RT-2 显著提升了机器人的自主性与适应性，展现了其在复杂环境中执行任务的巨大潜力。

6.2.2　控制原语

动作级规划的核心在于根据任务目标生成机器人末端执行器的动作轨迹。不同的具身机器人由于硬件构造的差异，其末端执行器的自由度（Degree of Freedom，DOF）和控制原语的复杂性会有所不同。以 Google 的 RT 系列机器人为例，其末端执行器的控制涉及多个关键原语，涵盖位置、姿态、操作等方面，具体分为以下几类。

1）位置移动原语：控制机器人夹持器在三维空间中的移动，主要通过 x、y、z 轴的坐标变换来实现。例如，机器人可以根据任务需要将末端执行器从当前位置移动到指定的三维坐标位置。

2）姿态调整原语：用于调整夹持器的姿态，包括绕 roll、pitch、yaw 三个轴的旋转角度。通过精确调整这些角度，机器人可以使末端执行器达到特定的方向和姿态，这对于执行精密操作（如物体对齐或装配）尤为重要。

3）夹持器开闭操作原语：用于控制机器人夹持器的开合动作，以实现对物体的抓取或释放。机器人需要根据物体的大小和形状，精确控制夹持器的开闭程度，确保操作的稳定性和安全性。

4）基座平面移动与旋转原语：控制机器人基座在平面内的移动和旋转，通过 x、y 坐标和平面内的 yaw 角来实现。这类原语对机器人的全局定位和导航至关重要，尤其是在复杂或拥挤的环境中。

此外，模式切换指令虽然不涉及具体的末端自由度，但对于多任务操作和任务管理至关重要。此类指令用于在不同操作模式之间进行切换，例如从控制夹持器切换到控制基座，或者结束当前任务周期并准备进入下一任务阶段。

6.2.3　控制参数的离散化

动作序列文本化的核心思想是将机器人控制中的动作原语及其控制参数类比为自

然语言中的单词。然而，机器人控制的参数通常为连续值，因此在将其文本化时面临两个主要挑战：第一，控制参数的连续性意味着参数空间是无限维的；第二，自然语言中的单词或子词的嵌入通常是通过预训练获得的，而如何为动作原语及其连续控制参数找到合适的嵌入则需要新的处理方式。

为了应对这些问题，通常采用的方法是将连续的控制参数离散化。通过离散化，动作原语的参数可以转换为具有固定维度的离散值，进而为这些离散值分配相应的嵌入。这样，机器人动作的控制参数就能被表示为类似自然语言的“动作标记”。

控制参数的离散化可以通过多种方法实现。对于离散型参数（如开关状态的整数值），可以直接作为标记使用，而对于浮点型的连续参数，则需要进行规范化和量化。首先，浮点数参数被规范化到［0,1］范围内，公式如下：

$$\text{normalized value}=\frac{\text{actual value}-\min}{\max-\min}$$

然后，将规范化后的值量化为整数标记。这是通过将规范化后的值乘以（词汇量大小-1）并取整数部分来实现的。词汇量大小（vocab_size）定义了每个动作参数可以被划分的区间数量。量化的计算公式为：

$$\text{token}=\text{normalized value}\times(\text{vocab\_size}-1)$$

以 RT 系列机器人为例，其每个动作维度的连续控制参数被划分为 256 个区间。例如，若考虑 7 个控制变量（x、y、z、roll、pitch、yaw、夹持器开合），并假设每个变量被离散化为 256 个区间，那么每个动作维度对应 256 个离散标记，总共会有 256×6+2 个“动作单词”。例如，假设一个浮点型参数的实际值为 0.9，参数的最小值为 0，最大值为 1，词汇量大小为 256。根据上述公式，首先计算其规范化值，然后量化为整数标记：

$$\text{normalized value}=\frac{0.9-0}{1-0}=0.9$$

$$\text{token}=0.9\times(256-1)=229.5$$

因此，动作参数 0.9 在离散化后对应的标记值为 229。通过这种方式，视觉语言动作模型能够生成相应的动作序列标记，并通过逆变换（反向量化）将这些标记解码回相应的动作参数，以实现机器人的精确控制。

6.2.4　动作序列文本化

动作序列文本化是将包含动作原语及其控制参数的动作序列表示为类似自然语言中的“单词”序列。图 6.3 展示了该过程的具体结构，如果输出的动作序列中已经规定了动作原语的顺序，则可以直接通过运动原语的离散化参数来表示，从而实现对机器人动作的规划。

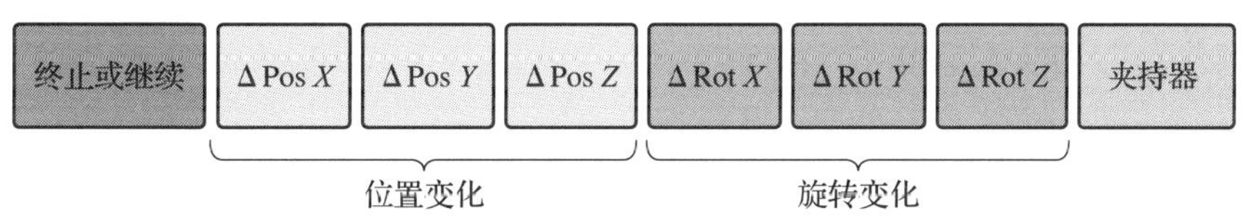

图 6.3　动作序列文本化

终止或继续是动作序列中的控制流原语，决定了机器人是否继续执行后续动作，或终止当前的动作序列。这是整个任务执行过程中的关键部分，负责任务流程的控制和终止判断。位置变化（Positional Change）由 ΔPos X、ΔPos Y、ΔPos Z 三个标记组成，分别代表末端执行器在空间的 X、Y、Z 三个维度上的位置变化。这些标记用于精确控制机器人末端在三维空间中的定位移动，是完成动作定位的基础。旋转变化（Rotational Change）由 ΔRot X、ΔRot Y、ΔRot Z 三个标记组成，分别代表末端执行器绕 X、Y、Z 轴的旋转角度调整。这些标记使机器人能够适应不同任务的操作需求，确保机器人在执行过程中可以灵活调整姿态。夹持器标记用于控制机器人的夹持器操作，主要包括夹持器的开合动作。这是执行抓取、搬运或放置物体任务时的关键控制点，能够影响操作任务的成功与否。通过这种结构化的动作序列表示，RT-2 能够将复杂的动作规划分解为可控的离散标记，并在此基础上进行动作规划。

6.2.5　词表

视觉语言动作（VLA）模型是在 VLM 的基础上通过微调形成的，旨在将机器人动作表征与视觉和语言表征进行有效对齐。与自然语言的“单词”相似，机器人动作序列也可以被离散化为动作标记。然而，传统的视觉语言模型词表通常不包含这些与动作相关的标记，或者在原有语境中这些标记可能具有完全不同的语义。因此，构建VLA模型时需要对模型的词表进行调整和优化，主要通过扩展和替换策略来实现。

词表扩展是一种常见的技术方案，通常用于解决跨语言迁移问题。以大语言模型为例，如果一个模型在英文上进行了预训练，但需要适应中文环境，模型的词表就需要扩展，加入汉字和中文词语。同理，在VLA模型中，将机器人动作标记加入现有词表是一个直接的解决方案。通过在模型词表中添加动作相关的标记，并通过机器人动作数据进行微调，可以确保这些动作标记在语义空间中的嵌入表示准确反映其对应的机器人操作。

词表替换策略则用于替换词表中与新任务相关性较低的标记，适用于需要保持词表紧凑且资源有限的情况。通过替换不常用的标记，可以避免词表规模过大，从而提高模型的效率。然而，词表替换可能会导致部分原有语义信息的丢失，因此在采用这一方法时，需要对替换标记进行仔细选择，以最大限度减少对模型性能的负面影响。

在RT-2模型中，采用了替换策略。例如，在PaLI-X模型的词表中，有1000个标记被替换为动作标记，这使得动作标记化过程变得相对直接，可将机器人动作的离散区间映射到这些预先定义的整数标记。而在PaLM-E模型中，由于原词表中缺少便捷的数字标记，采用了用词表中256个最不常用的词汇标记来表示动作标记的策略。

假设仅考虑用于机器人手臂移动的7个变量（x、y、z、roll、pitch、yaw和夹持器开合），其中前6个变量为连续值，每个值可以离散化为256个区间，加上夹持器的两个状态，总共需要1538个标记。这与PaLM-E模型的词表替换数量（256）相比仍存在较大差距，因此，模型可能采用了标记共享或压缩策略来减少所需的独立标记数量。

标记共享策略可以让多个相关的动作参数共用一组标记。例如，空间中的位置变化（X、Y、Z三个维度）通常具有相似的物理特性，因此它们的离散区间可以共享同一组标记。这种共享不仅减少了词表中的标记数量，还保持了动作参数的表达精度。

压缩策略则可以通过对动作参数的值进行编码，将多个离散化的动作参数组合成一个标记。例如，两个离散的连续参数可以通过编码生成一个组合标记，从而减少独立标记的数量。采用这种压缩策略，模型可以在不显著影响性能的情况下大幅降低标记数量。通过使用这些策略，VLA 模型不仅能够减少词表规模，还能确保动作标记的表达足够精确，以满足机器人在复杂任务中的操作需求。

6.2.6　具身动作微调

具身动作的微调基于 VLM。如图 6.4 所示，PaLI-X 模型是一个典型的视觉-语言基座模型，由视觉处理模块、文本嵌入模块、编码器和解码器组成。图像输入首先通过大型视觉模型（如 ViT-22B）进行特征提取，生成视觉嵌入表示；同时，文本输入通过文本嵌入模块处理，生成相应的语言嵌入。然后，这些视觉和语言嵌入被送入 PaLI 编码器，编码器通过跨模态的自注意力机制对视觉和语言信息进行整合。最后，解码器通过与编码器的交叉注意力机制，生成与任务相关的输出标记，这些标记可能用于任务理解或机器人动作的生成。

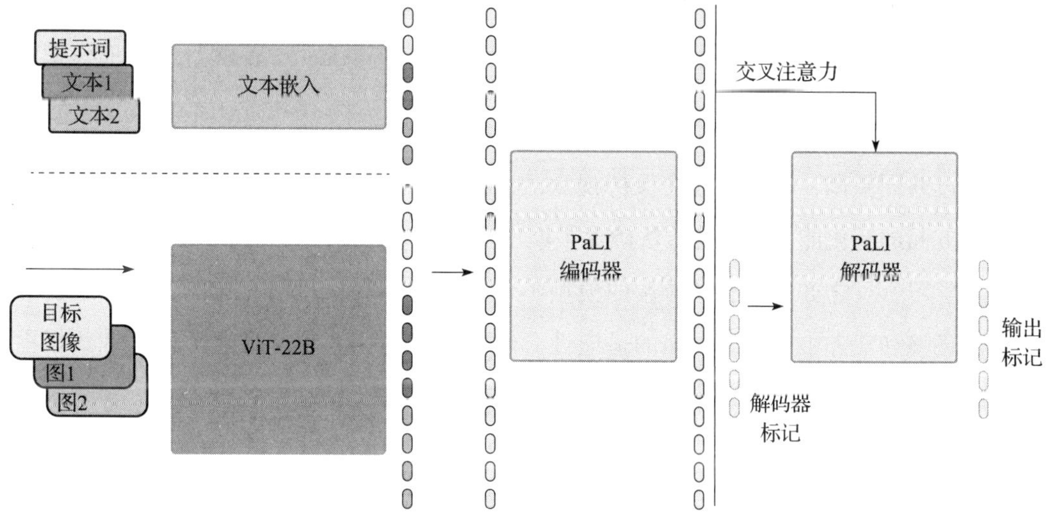

图 6.4　PaLI-X 模型的架构[㊀]

㊀ 图片来源：PaLI-X：On Scaling up a Multilingual Vision and Language Model，https://arxiv.org/abs/2305.18565。

PaLI-X 模型的视觉推理能力对动作规划起着至关重要的作用。在微调阶段，模型需要对齐视觉、语言和动作，以确保在生成动作序列时能够充分考虑视觉输入和语言指令中的细节，从而提升执行的精确度和鲁棒性。为此，模型必须不仅能处理视觉和语言数据，还需要通过微调结合具体的机器人动作数据，以增强对机器人任务的理解能力。

RT-2 模型采用了多源视觉文本数据和机器人动作数据进行共同微调的策略。共同微调是指在每个训练批次中同时包含来自多个数据源的视觉-语言数据和机器人动作数据，并通过调整采样权重来平衡两者的比例。通过增加机器人数据的采样权重，模型能够在学习广泛的视觉语言概念的同时，专注于机器人任务的学习需求。

多源数据包括视觉问答、字幕生成以及与图像相关的非结构化文本。这些数据使模型能够广泛学习视觉与语言之间的关联。而机器人动作数据则来自实际环境中的任务记录，例如在办公室或厨房环境中，13 个具身机器人在 17 个月内收集了大量的任务数据。这些数据不仅包括机器人执行任务的视觉记录，还包含详细的自然语言指令，这些指令明确描述了机器人需要完成的具体任务。指令中包含操作的动词（如“拾取”“打开”“放入”）以及与物体相关的名词（如“罐头”“抽屉”“餐巾”），帮助模型学习如何将视觉信息与具体动作指令关联起来。

通过共同微调，模型能够在保持视觉语言模型原有性能的同时，大幅提升其在动作规划方面的泛化能力。这种方法确保了模型不会因为预训练的视觉-语言数据影响对动作的学习，反之亦然。经过微调的模型不仅能够理解和执行已见过的任务，还能够在全新环境和任务中表现出较强的适应性。现实世界的任务和环境通常比训练数据更加复杂，因此，具备这种泛化能力对于机器人的实际应用至关重要。

6.2.7 动作输出限制

基于视觉语言动作模型的动作规划，对动作输出进行限制是确保机器人执行安全、有效动作的关键策略。这一需求源于机器人在执行复杂任务时，可能生成无效或危险的动作序列，特别是在多模态模型的预测过程中，视觉和语言输入的模糊性可能导致不准确的动作输出。例如，假设 RT-2 模型接收到一个任务指令：“将杯子从桌子上拿起并放入柜子中”。在执行过程中，如果模型生成了一个无效的动作序列，如尝试过度旋转手臂或夹持器开合不当，可能导致机器人抓取失败，甚至损坏物体。因此，为了避免这些情况发生，必须对模型的输出进行限制，确保生成的动作序列是机器人能够安全执行的。实现这一目标的技术措施主要包括设置输出掩码、调整概率分布和使用条件提示。

设置输出掩码是直接在模型解码器阶段应用的一项技术，用于限制模型只能选择有效的动作标记。在机器人任务中，输出掩码会设定为仅允许生成预定义为有效的动作标记。例如，在每个解码步骤，模型会根据掩码判断当前候选标记是否属于有效动作标记集。如果某个标记被认为是无效的，它将被掩码赋值为 0，阻止其作为输出；而有效标记会被赋值为 1，允许其作为可选输出。通过这一机制，模型在生成动作序列时只能选择被标记为有效的动作标记，确保机器人执行的动作是可控和安全的。

调整概率分布则是通过修改模型输出层的概率分布，优先选择有效的动作标记。具体而言，在生成序列的过程中，模型的最后一层通常为 softmax 层，用于生成所有候选标记的概率分布。为了防止模型选择无效标记，可以将无效标记的概率设定为极低（接近零），同时保留或提高有效标记的选择概率。这种调整通过降低无效标记的选择机会，间接引导模型生成有效的动作序列。

使用条件提示是一种能够根据特定任务提示动态调整模型输出策略的方法。当模型被提示执行特定的机器人任务时，它可以通过内部机制激活与该任务相关的输出路径，并抑制其他不相关路径。例如，任务提示“执行抓取动作”可以增加与抓取相关的有效动作标记的生成概率，确保模型输出与任务需求相符。通过这种方式，模型能够根据不同的任务上下文自动调整其生成行为，更倾向于输出与当前任务相关的有效动作。

这些技术通过直接干预模型的输出选择过程，确保机器人在执行任务时生成的动作序列不仅是有效的，而且是安全的。通过精确控制模型的输出范围，这些策略不仅提高了机器人任务执行的准确性和可靠性，还增强了模型在不同应用场景中的适应性与效率。特别是在现实世界的复杂环境中，这些机制确保了机器人能够应对多样化的任务需求，进一步提升了其在操作中的安全性与稳定性。

6.2.8 优势和局限性

VLA 模型的端到端动作规划能力得益于其在大规模视觉语言任务上的预训练和微调。通过学习广泛的视觉和语言模式，VLA 模型能够在全新的、未见过的环境中表现出卓越的泛化能力。这一特性对于应对复杂、动态变化的现实世界任务至关重要。模型能够理解复杂的自然语言指令，并将其与视觉输入有效结合，从而生成适当的机器人动作。这种多模态的理解能力使其在处理需要同时理解场景内容和指令意图的任务中，比单一的视觉或语言模型更为高效。

然而，VLA 模型的动作规划也具有一些显著的局限性。首先，机器人动作数据的采集成本较高。机器人训练通常依赖于大量高质量的动作数据，而这些数据的收集需要昂贵的硬件设备和复杂的操作环境。例如，高精度传感器、先进的机器人系统和精准的追踪设备都是不可或缺的，这些设备不仅投资巨大，而且数据收集和标注的过程也极为耗时。每个动作数据都需要附带详细的自然语言描述，以准确传达机器人任务的意图。由于这些高昂的资源需求，机器人动作数据的采集成为部署 VLA 模型的一大挑战。

其次，离散化的参数空间限制了动作规划的精度和灵活性。虽然离散化简化了计算和实现，但它也减少了模型对动作变化的细微捕捉能力。当机器人动作被离散化时，每个动作只能选择预定义的离散状态，这可能导致动作缺乏自然性。例如，机器人在执行某些需要连续微调的任务时，离散化的动作可能无法满足精确控制的需求，从而影响机器人在复杂场景中的表现。

再次，推理成本过高。采用生成式模型进行动作序列推理（如 RT-2、PaLI-X 55B 模型），虽然能够提供一定精度的动作生成，但其计算成本极高。例如，RT-2 模型的推理处理频率仅为 1～3Hz，处理频率严重受限于硬件性能。为了维持这一处理频率，至少需要一个配备 4 张高性能 GPU 的服务器，这不仅增加了硬件采购成本，还伴随着巨大的运行和维护费用，包括电力消耗、散热需求等。因此，虽然高参数模型能够提升生成质量，但其高昂的计算成本对大规模部署构成了挑战。

最后，动作原语和控制参数的特异性限制了其泛化能力。机器人动作原语的设计通常依赖于具体任务需求和机器人的物理结构。因此，一个动作原语在特定机器人上经过优化后，可能难以直接迁移到另一个具有不同物理构型的机器人上。例如，适用于工业自动化机器人的抓取原语，可能并不适用于服务型机器人，因其在动作精度、力量控制和抓取姿态上存在差异。这种任务与硬件的紧密耦合性限制了 VLA 模型在不同机器人平台上的适应性。

6.3　多任务端到端

特斯拉的 Optimus 具身机器人采用了类似于特斯拉电动车的全自动驾驶系统 FSD，其具身动作规划系统依托于一个标准的多任务端到端动作规划架构。在这一系统中，自动驾驶的动作规划可以被看作相对简化的具身机器人动作规划。本节将以几种自动驾驶系统为例，讨论多任务端到端的网络架构。

6.3.1　端到端中的多任务

在端到端动作规划架构中，感知和动作规划不再被划分为独立的模块，而是通过统一的网络架构直接连接。这种设计使得感知信号可以直接转换为动作规划决策，大大简化了处理流程。然而，从感知到动作规划的过程实际上涵盖了多种不同的任务，这些任务反映了人类的先验知识，如从感知数据中提取物体轮廓、追踪物体动态或预测占用状态等，这些都能显著提高避障等动作规划任务的效率。尽管分层的运作规划可以利用这些信息以优化规划效果，但它也可能面临模块间信息丢失、错误累积以及由于优化目标不同导致的特征错位风险。相对而言，多任务的端到端网络结构通过特定的设计和训练方法，不仅能够整合这些先验知识，如对象的当前状态与未来状态预测，而且能保持信息流的连续性，避免了信息在不同处理阶段的丢失。

例如，特斯拉 FSD 系统中的感知任务包括 3D 物体检测、多目标追踪和场景理解，这些任务通过端到端网络整合成一个统一的动作规划系统。首先，车辆通过检测和追踪周围的动态物体，为每个物体赋予坐标、尺寸和持续的跟踪 ID。然后，车载系统基于多视角图像生成鸟瞰图（Brid' s Eve View，BEV），并进行语义分割，识别出道路、行人、车道线和其他关键元素。这一过程中使用实时传感器数据代替传统的高清地图，显著提升了环境感知的实时性和精度。

在生成场景理解之后，FSD 系统通过动作预测任务，基于检测到的物体轨迹和场景信息，预测未来一段时间内物体的动态变化。这包括占用预测，即预测场景中每个网格单元未来是否会被占用，进而生成占用概率图。最后，动作规划模块结合这些信息生成未来的行驶轨迹，确保车辆在复杂的交通环境中安全行驶。

图 6.5 展示了 FSD 系统如何通过感知和三维几何占用信息来处理遮挡问题。上半部分显示了车辆在多个视角下捕获的街景图像，这些实景图像为自动驾驶系统提供了环境感知的基础。下半部分则展示了该场景的三维几何表示，深色块代表物体的占用区域。通过这种三维建模，系统不仅能识别可见物体，还能够预测那些由于遮挡而不可见的潜在障碍物，为安全导航提供了支持。

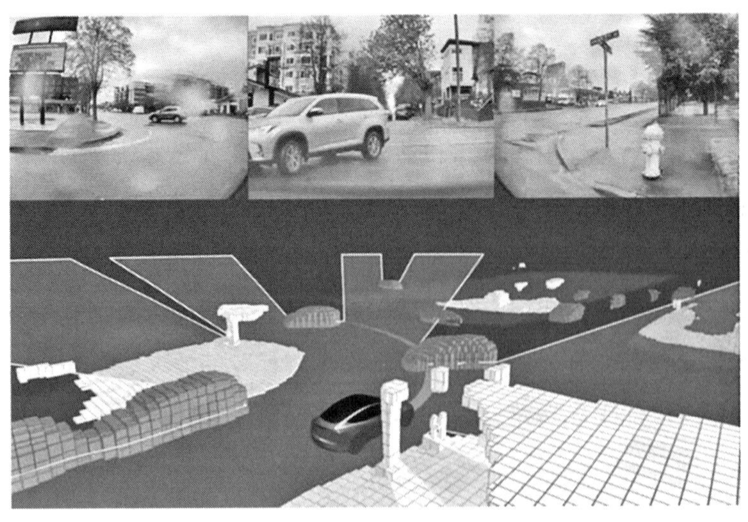

图 6.5　FSD 通过感知和三维几何占用信息来处理遮挡

相比自动驾驶，具身机器人的动作规划更加复杂，不仅涉及导航，还包括末端执行器（如机器人手臂或夹具）的动作控制。末端执行器的动作规划需要高度的精确性和灵活性，以适应多样化的操作任务，例如抓取、搬运和装配。与自动驾驶不同，末端执行器的动作规划不仅需要处理动态的环境交互，还需要在狭小或受限的空间中操作，并确保对物体的精确操控。

此外，具身机器人的动作规划必须在实时处理传感器数据的同时，动态调整策略，以应对环境中的变化和不确定性。例如，机器人在工业环境中抓取一个物体时，不仅要确保抓取的准确性，还要考虑到避障和力反馈等多种因素。因此，具身机器人需要整合更多的先验知识，并通过多任务端到端结构实现复杂操作任务的规划和执行。

6.3.2　多任务端到端网络架构

多任务端到端架构通过特定设计的网络结构和训练方法，能够整合不同任务中蕴含的人类先验知识，同时保持信息流在网络中的连续性。虽然特斯拉的 FSD 系统尚未公开其具体的架构设计，但 UniAD ⊖提供了一个类似的端到端自动驾驶多任务网络架构。如图 6.6 所示，主要分为基础层、感知、预测和规划 4 个阶段，并通过基于变换器（Transformer）的模块将感知中的检测、跟踪、地图构建，以及预测中的运动和占用等五大关键任务整合在一起，并通过优化目标直接对齐到运动规划任务，展示了一个全面的端到端解决方案。

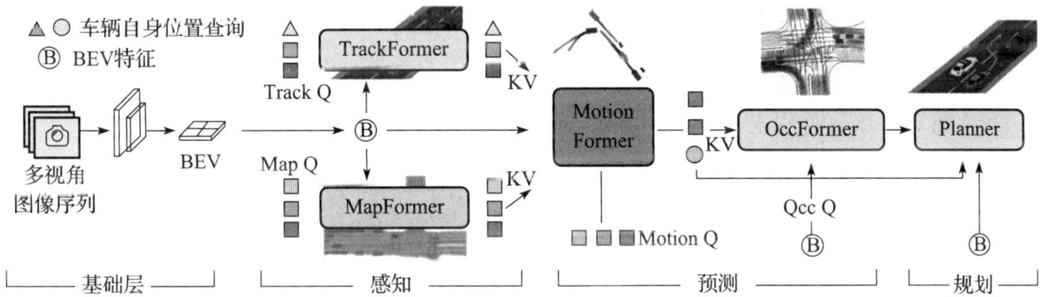

图 6.6　UniAD 多任务端到端网络架构

⊖ Planning-oriented Autonomous Driving，https://arxiv.org/pdf/2212.10156。

在基础层，输入的是多视角摄像头捕捉到的图像序列。为了将这些不同视角的数据整合，首先通过特征提取器将图像转化为特征表示，并生成 BEV 特征。这个步骤为后续的感知模块提供了统一的环境表示，使系统能够在三维空间中理解场景。

在感知阶段，系统将 BEV 特征输入 TrackFormer 和 MapFormer 模块中。其中 TrackFormer 用于多目标检测和跟踪。它将车辆和行人的动态信息提取出来，生成跟踪查询（Track Query），用以持续跟踪周围物体的运动轨迹。该模块负责对多视角摄像头的数据进行时间上的聚合，确保系统能够在连续的时间戳之间维持对目标的跟踪。

MapFormer 用于场景的地图构建。通过从输入数据中提取静态环境特征（如道路、车道线、交通标志等），MapFormer 生成与车辆周边环境相关的地图查询（Map Query），帮助系统更好地了解行驶环境。

在预测阶段，系统使用两个关键模块来预测未来场景。其中，MotionFormer 基于从感知阶段获得的物体轨迹，MotionFormer 预测周围物体（如其他车辆或行人）的未来运动轨迹。它生成的运动查询（Motion Query）包含各个移动物体在未来时间步的预测路径，这对于避免碰撞和规划安全路径至关重要。

OccFormer 负责占用预测（Occupancy Prediction）。OccFormer 生成的占用查询（Occupancy Query）用于预测未来场景中不同区域的占用状态。通过分析场景中的各个区域是否被占用，系统可以对隐藏的物体或即将进入场景的物体进行推断，这有助于系统在遇到视线遮挡的情况下做出合理的决策。

在规划阶段，所有感知和预测的信息都被输入到 Planner 模块中。Planner 模块通过结合自身车辆查询（Ego-vehicle Query）和来自 BEV 特征的环境信息，生成未来几秒内车辆的行驶轨迹。此阶段负责整合之前各个模块提供的物体信息、场景信息和占用预测，最终生成安全有效的运动规划决策。

6.3.3 特征提取任务

在 UniAD 系统中，基础层的核心任务是从输入的多视角摄像头数据中提取深层次的特征信息。这一任务依赖于一个强大的特征编码器，即 BEVFormer ㊀。BEVFormer 通过结合 Transformer 架构与时间结构，能够有效地聚合来自多视角摄像头的时空信息，并生成 BEV 特征，帮助系统理解复杂的 3D 场景。

如图 6.7 所示，BEVFormer 使用预定义的网格化 BEV 查询，这些查询在空间和时间维度上与输入特征进行交互，能够从不同视角和历史时间点的信息中聚合出更强大的表示。BEVFormer 同时利用了两种类型的注意力机制，其中空间交叉注意力用于处理不同摄像头视图之间的空间关系，通过这一机制，BEVFormer 能够从多个摄像头的视角中聚合信息。例如，系统将预定义的网格状查询与摄像头捕捉的特征进行交互，查找并聚合空间中的关键信息。这一过程帮助模型识别 3D 场景中的物体，并生成清晰的物体表示。而时间自注意力用于处理跨时间的历史信息，该机制进一步增强了模型的动态感知能力。通过引入历史时刻的 BEV 特征，BEVFormer 可以分析物体在时间上的变化。这种基于时间的交互有助于预测物体未来的运动轨迹，并提升系统在处理复杂动态环境中的表现。

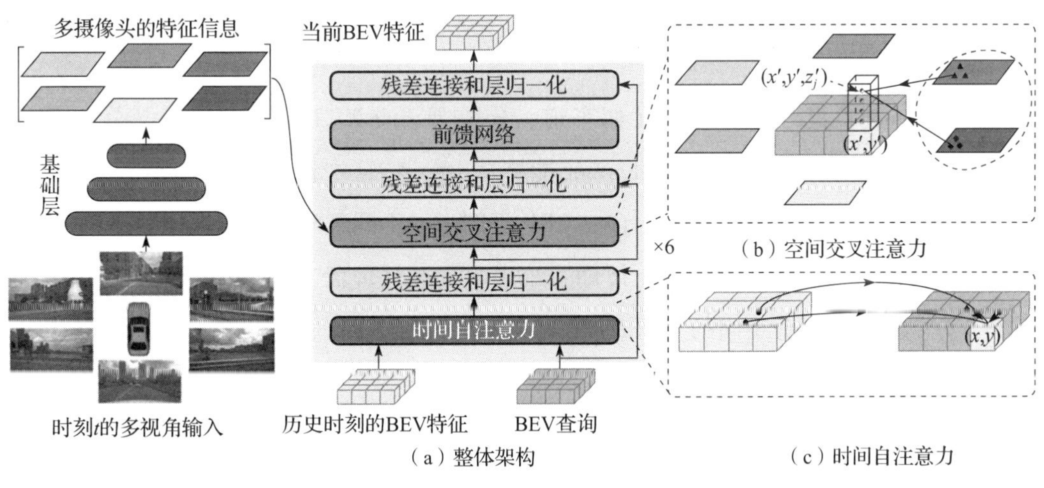

图 6.7　BEVFormer 架构

6.3.4　感知任务

在自动驾驶系统中，感知任务由 TrackFormer 和 MapFormer 模块共同完成。Track-

㊀ https://arxiv.org/pdf/2203.17270。

Former 负责检测和跟踪动态移动的实体，包括车辆、行人、自行车和摩托车等交通参与者。这些实体是自动驾驶系统必须持续跟踪和预测的关键对象。TrackFormer 通过两类查询机制实现感知任务：检测查询和跟踪查询。其中，检测查询用于识别新出现的实体，即对首次出现在场景中的代理进行检测。跟踪查询则用于对之前帧中已检测到的实体进行跨帧建模，确保持续跟踪。

在每个时间步，检测查询和跟踪查询都会通过与 BEV 特征的交互，捕捉代理的抽象特征。随着场景的动态演变，当前帧中的跟踪查询与之前帧的查询在自注意力模块中进行交互，从而聚合时间信息，确保实体的跟踪连续性，直到某个实体不再被跟踪（即其在若干帧内消失）。TrackFormer 通过 N 层堆叠的 Transformer 层进行处理，最终生成一组有效的实体表征（Q_A），为下游的动作预测任务提供输入。

除了对其他交通参与者进行建模，TrackFormer 还引入了一个专门的自身车辆查询，用于明确建模车辆自身的状态。这一设计确保了在后续的动作规划任务中，车辆与周围环境的相互关系能够被充分考虑。

MapFormer 负责对道路元素（如车道、分隔带、交叉口等）进行语义分割和地图构建。通过使用地图查询，MapFormer 能够从 BEV 特征中提取出与道路结构相关的语义信息，并执行全景分割任务。它将 BEV 视图中的不同区域划分为具体的道路元素，如车道、分隔带等。这种语义抽象帮助系统理解驾驶环境的基础属性，例如车道用于行驶，分隔带用于区分不同的车道流向。

MapFormer 基于 2D 全景分割技术，使用稀疏地图查询对道路元素进行表征，并通过多层 Transformer 结构进行优化。每层的输出结果都在监督下进行训练，其中最终层的更新查询（Q_M）会被传递给 MotionFormer 模块，用于代理与地图的进一步交互。在处理驾驶场景时，MapFormer 对不同类型的道路元素进行明确的边界识别，例如车道和交叉口被单独识别和计数，而可行驶区域则被视为没有固定边界的背景区域。

通过 TrackFormer 和 MapFormer 的协同工作，自动驾驶系统能够准确感知周围环境中的动态实体和静态道路结构。这为下游的运动预测和规划任务提供了高质量的输入，使系统能够在复杂的交通环境中实现精准的决策。

6.3.5 预测任务

MotionFormer 和 OccFormer 模块通过分层结构分别解决了代理运动预测和占用预测问题。MotionFormer 利用代理之间、代理与环境以及代理与目标之间的交互信息，生成精确的运动轨迹预测。而 OccFormer 则通过时序处理，预测未来时间内的占用状态。两者共同为自动驾驶提供了关键的环境理解和动态预测能力，确保系统能够在复杂交通环境中做出准确的决策。

MotionFormer 是专门处理运动预测任务的模块，它通过分析多种代理（如车辆、行人等）的动态行为，预测这些代理未来的运动轨迹，为自动驾驶提供动态环境信息支持。MotionFormer 由多个 Transformer 层组成，每一层处理以下 3 种主要的交互关系：

1）代理-代理交互（Agent-Agent Interaction）。该部分关注不同代理之间的相互影响。比如，车辆的运动可能因为行人或其他车辆的存在而发生避让或减速，这类互动对于理解交通动态至关重要。

2）代理-地图交互（Agent-Map Interaction）。处理代理与环境之间的互动关系，包括道路布局、交通标志和障碍物等静态元素。通过这种交互，模型能够理解代理如何根据环境进行路径调整，地图查询提供了有关道路和障碍物的关键位置信息。

3）代理-目标交互（Agent-Goal Interaction）。重点关注代理如何向目标点移动，这通常是自动驾驶路径规划的关键部分。目标点是代理行驶路径中的重要位置，代理需要根据目标点进行导航。

如图 6.8 所示，MotionFormer 的结构依赖于多层交互模块，每层负责不同的交互类型。代理-代理与代理-地图交互通过多头自注意力和多头交叉注意力模块来实现，确保时间和空间信息的有效聚合。而代理-目标交互则通过可变交叉注意力机制处理。在每一层中，查询上下文通过这些注意力机制和前馈网络不断更新，最终输出包括每个代理的运动轨迹预测和相应的置信度分数。这些预测结合了代理的当前位置、环境特征和潜在目标，以确保动作规划的准确性。图 6.8 中模块输入如下：I^s 为场景级锚点的位置，I^a 为物体级锚点的位置，x_0 为物体的当前位置，x^{l-1} 为来自前一层的目标位置，$\boldsymbol{Q}^{l-1}$ 为来自前一层的查询上下文。

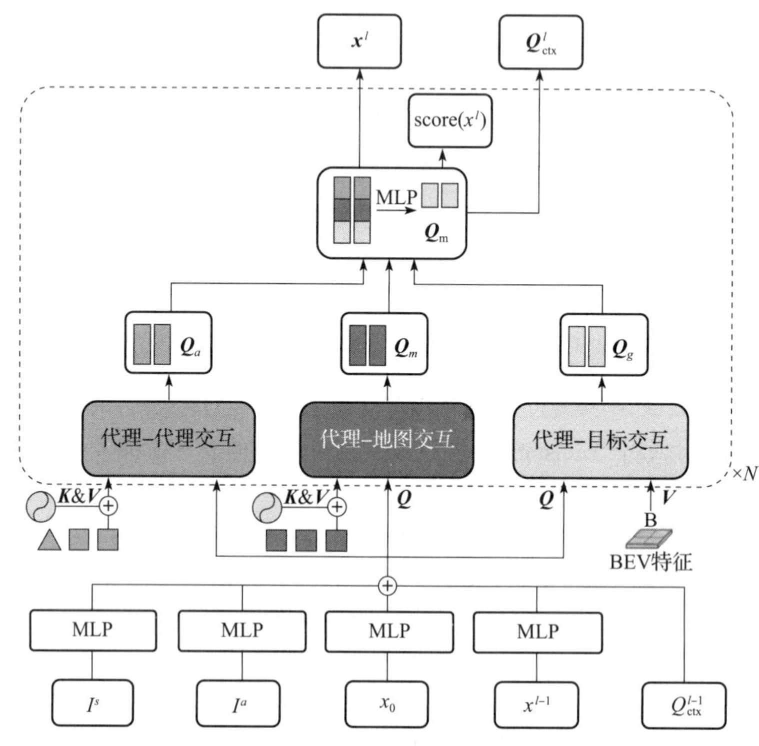

图 6.8 MotionFormer 的网络结构

OccFormer 负责处理占用网格图预测任务，该任务的目标是预测未来场景中的空间占用情况。占用网格图是场景的鸟瞰图表示，每个单元格指示该区域是否被物体占用。OccFormer 结合了代理级和场景级的信息，能够同时处理每个代理的动态行为（如行人的轨迹）和整个场景的状态（如车道布局、可行驶区域）。

OccFormer 的工作机制是通过一系列“序列块”（Sequential Block）来实现的。每个序列块依次处理连续时间帧的数据，逐步进行预测。在每个序列块中，输入数据先经过预处理步骤，以减少计算复杂度。随后，模型应用自注意力机制，提取输入数据中的关键特征，确保模型能够准确捕捉到动态变化中的重要信息。

此外，交叉注意力机制用于结合局部场景特征和代理的位置信息，帮助模型理解代理与环境的交互关系。经过交互处理后，特征被重构并通过解码器生成占用图。这些占用图预测了未来时间步内的空间占用情况，帮助自动驾驶系统识别潜在的风险区域。

通过将多个序列块按时间顺序排列，OccFormer 能够有效处理动态变化的时间序列数据，并预测未来场景中的占用情况。每个序列块的输出不仅用于下一序列块，还可用于整体系统的占用预测。这种层级化的预测方式提高了模型处理复杂时间序列数据的能力，使其能够适应多变的动态环境。

6.3.6　规划任务

如图 6.9 所示，UniAD 通过整合多个输入信息生成最终的驾驶决策。其中，Q_{A}^{ego} 和 Q_{ctx}^{ego} 这两个查询分别来自跟踪模块和运动预测模块，主要包含车辆自身的关键信息，如当前位置、速度以及可能的运动路径。这些信息对于理解车辆的当前状态以及预测其未来行为至关重要。命令嵌入表示高级驾驶指令，例如“左转”或“右转”，它提供了驾驶意图的上下文，帮助系统明确当前情况下需要执行的操作。这些指令、车辆状态和环境信息通过多层感知器（MLP）进行编码，并经过最大池化层（Maxpooling）处理，以提取和聚合最显著的模态特征。最大池化有助于选择最重要的特征，从而强化关键信息并抑制不必要的干扰。

随后，这些输入被传递到 BEV 特征交互模块中，BEV 特征从车辆周围环境的多视角数据中提取出来，并经过堆叠的多层 Transformer 解码器处理。每层解码器通过自注意力和交叉注意力机制对输入特征进行细化与强化，以增强与车辆自身相关的环境特征的表示。这种层级化的特征交互使系统能够在多视角、多时空特征中捕捉车辆周围的关键环境信息。

最后，系统生成初始的规划轨迹 τ，并通过碰撞优化器对其进行优化。碰撞优化器会考虑潜在的障碍物和碰撞风险，确保路径的安全性和可行性。最终生成的优化轨迹 τ^* 不仅提高了路径规划的精度，还在实际执行中最大限度减少了碰撞风险。

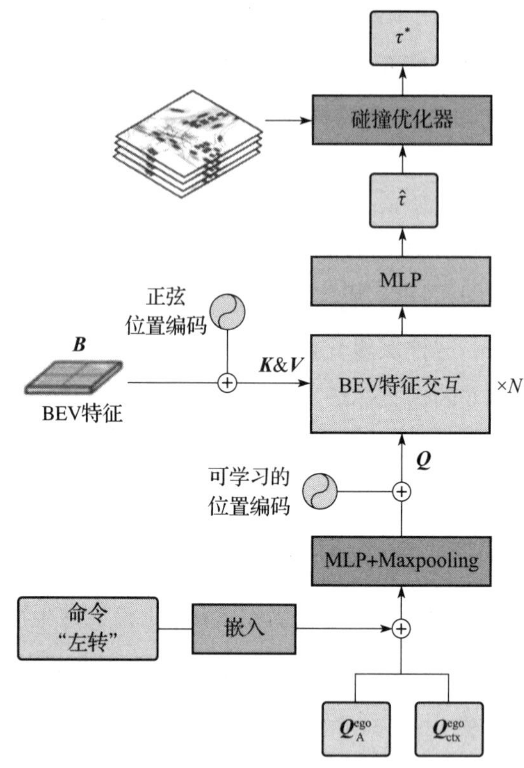

图 6.9 规划部分网络架构

6.3.7 多任务的分步训练

UniAD 系统中的多个任务模块反映了人类先验知识在导航规划中的重要作用。在传统的分层规划中，通常使用多个独立的网络来分别处理不同任务。这种方式虽然能够单独优化每个模块，但由于模型间缺乏有效的信息交流，容易导致信息丢失和错误累积。为了避免这一问题，UniAD 采用端到端的设计，将所有任务的优化目标与运动规划直接对齐，并使用了两阶段训练策略，从而提高训练效率和系统性能。

首先，系统加载了经过预训练的 BEVFormer 权重，这些权重在整个训练过程中保持冻结状态。在第一阶段，训练主要集中在感知任务上，目的是确保感知模块（如 TrackFormer 和 MapFormer）的稳定性。这一阶段的目标是使系统能够准确检测和跟踪动态与静态对象（如车辆、行人等），并对道路元素（如车道、交通标志等）进行精确的语义映射。感知模块的表现直接依赖于图像和 BEV 特征的准确性。在此阶段，其他模块（如 MotionFormer、OccFormer 和 Planner）的参数不参与训练，保持固定状态。在完成感知模块的训练后，第二阶段的训练将所有模块纳入优化，包括感知、运动预测、占用预测和规划模块。此时，前一阶段稳定的感知模块能够为后续任务（如运动预测和规划）提供更精确的输入，确保整个系统在复杂环境下的表现更加稳健。

通过将感知任务与动作预测、规划任务分开训练，系统能够有效减少感知误差带来的负面影响。如果感知模块不能准确识别和定位对象，后续任务（如路径规划）的性能将受到影响。两阶段训练策略通过首先确保感知模块的精度，避免了误差在整个系统中的传播，提高了整体性能。这种训练策略不仅保证了系统的性能，还兼顾了训练的效率。第一阶段聚焦于感知模块，确保这些关键任务的高效处理；第二阶段则在保证输入质量的基础上，对所有模块进行全面优化，使得系统在实际应用中表现出色。

6.3.8 特斯拉全自动驾驶的多任务架构

特斯拉全自动驾驶（FSD）系统采用类似 UniAD 的多任务端到端架构，但更加强调多视角集成和高级语义理解，尤其在时间维度的整合方面更接近多模态大模型的设计。这使 FSD 能够在复杂的交通场景中表现出更高的精度和适应性。

如图 6.10 所示，FSD 系统中的占用网络（Occupancy Network）在完成摄像头图像的特征提取后，使用 Transformer 模块对特征进行处理。在图像特征映射中，通过 MLP 生成 Key 和 Value，同时通过 BEV 坐标系下的栅格坐标位置编码生成 Query。与传统的二维栅格不同，FSD 系统增加了高度维度，形成三维栅格，以生成更加精确的占用特征（Occupancy Feature）。其主要特点如下。

1）原始光子计数输入。FSD 使用未经 ISP（Internet Service Provider，互联网服务提供商）处理的光子计数图像，能够在低光照环境下提供更高的感知能力，超越人眼的视觉极限。

2）时序对齐。利用里程计信息对前一时刻的占用特征进行时序拼接，并通过透明度调整来反映不同时刻的特征权重，在通道维度上进行融合。

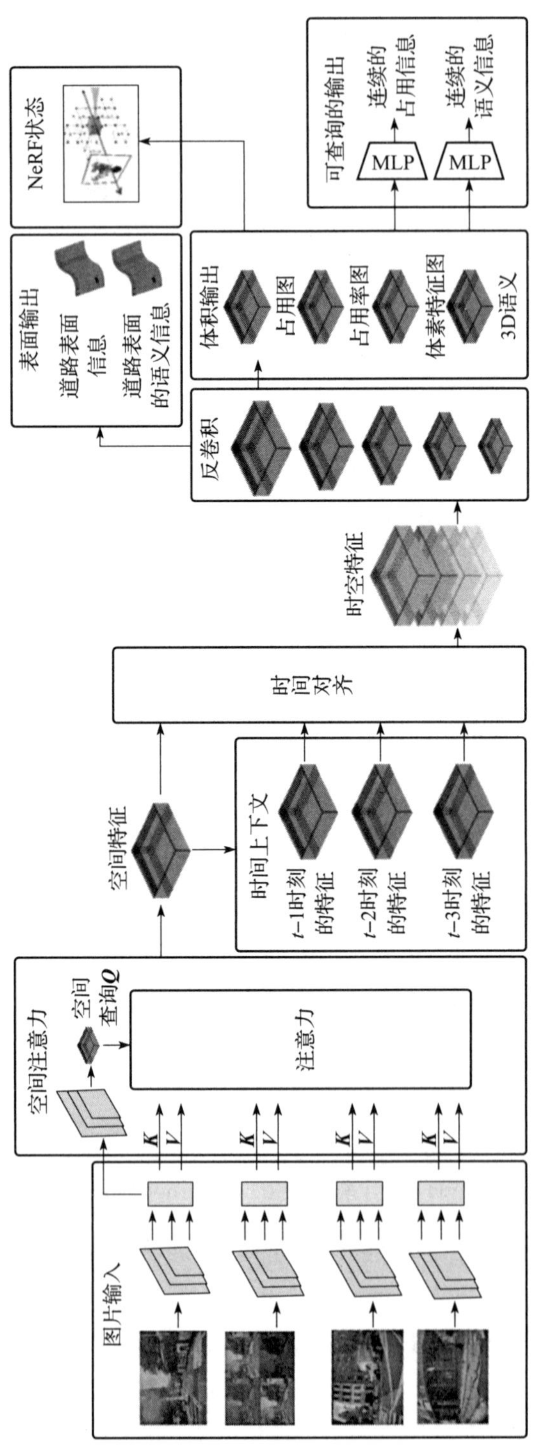

图 6.10　FSD系统的多任务架构

3）亚像素几何输出。FSD 的占用网络输出不仅包括三维栅格特征，还生成基于 Query 的亚像素级几何和语义信息。这种设计借鉴了 NeRF（Neural Radiance Field，神经辐射场）的变分辨率聚焦能力，增强了占用网络对不同空间细节的捕捉和理解。

此外，FSD 系统在其全自动驾驶的框架中加入了高级语义理解模块，如图 6.11 所示，系统通过整合低精度的地图数据和视觉感知信息，对车道线及其几何拓扑关系进行精准识别和处理。这包括车道数量、宽度、拓扑类型以及分叉点、合流点等关键属性。这些信息通过一个名为 Dense World Tensor 的编码过程，被转化为供 Vector Lane 模块进一步处理的格式。

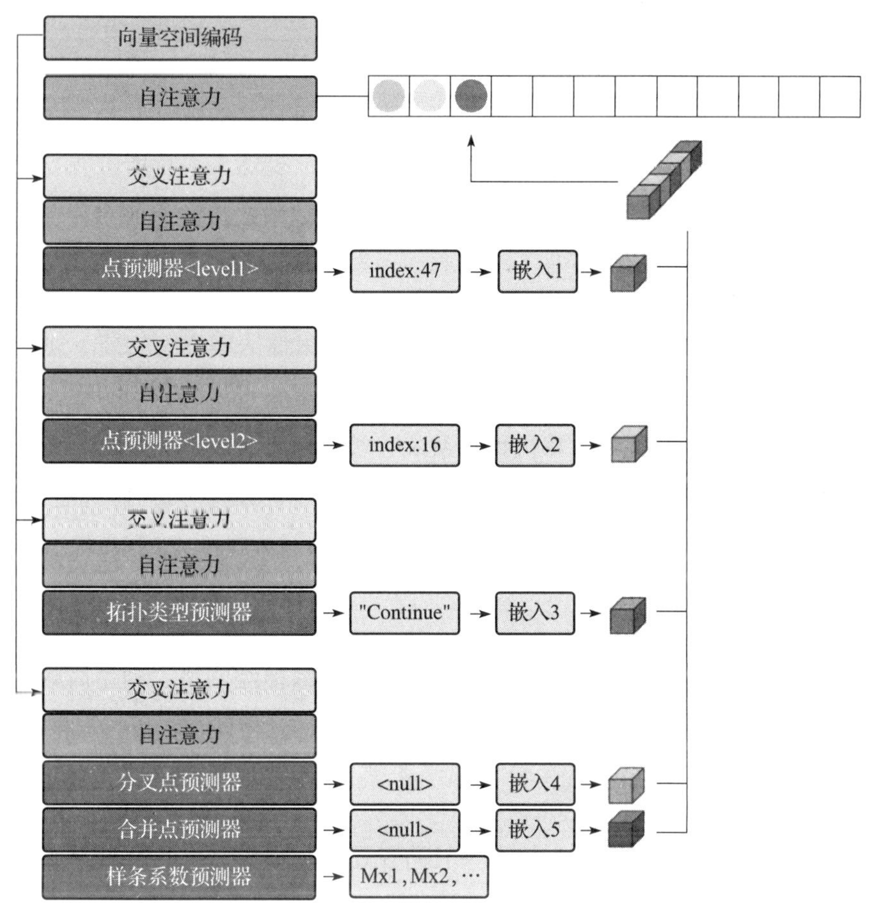

图 6.11　FSD 的高级语义理解模块

Vector Lane 模块采用了类似语言模型的向量空间编码方法，如图 6. 11 所示，通过对车道线节点（如起点、中点、终点）、分叉点、样条曲线参数等进行编码，系统能够以类似处理语言 token 的方式来处理车道线信息。这一架构与 Transformer 的解码器部分相似，首先通过自注意力机制处理车道线 token，然后在交叉注意力中生成查询，并结合向量空间中的 Key 和 Value 生成新的 token。

这套系统不仅能实时识别复杂路口的道路拓扑关系，还能根据自车视角和环境的变化实时调整这些关系。这种高级实时感知能力对于自车路径规划和预测其他车辆的行为至关重要。

6. 3. 9 具身任务迁移

具身机器人的运动规划复杂性远超自动驾驶，既包括导航运动规划，又涉及末端执行器（如机器手或夹具）的精确控制。对于 Optimus 机器人，特斯拉在导航部分直接迁移了其 FSD 系统的技术，而末端执行器的动作规划则依赖类似的多任务轨迹生成方法。

如图 6. 12 所示，Optimus 机器人通过不同视角的摄像头输入，构建三维环境的占用图，这种三维模拟对于机器人在复杂环境中的导航至关重要。特斯拉在自动驾驶领域积累的技术（如神经网络和计算机视觉系统）被调整和迁移到机器人平台，用于处理室内环境中的动作规划。由于室内环境和任务要求与自动驾驶场景不同，特斯拉需要重新收集并训练用于室内场景的神经网络数据。这些数据能够帮助机器人在没有 GPS 支持的室内环境中精确定位。

为了提高室内导航精度，特斯拉开发了特征点跟踪神经网络，利用高频特征点在无 GPS 环境中精确确定机器人的位置。FSD 中的占用网络技术被用于生成导航路径，并确定最优或期望的行进路线。

然而，对于双腿机器人来说，仅有导航路径还远远不够，还需要对其自身物理属性（如肢体长度、重量分布等）有准确的认知，以计算精确的运动轨迹。设计步态时，特斯拉重点关注如何最小化能量消耗，同时保证移动速度与稳定性。保持平衡是机器人运动中的核心挑战，特别是在不平坦或动态变化的地面上。机器人使用自身的运动学和动力学模型生成参考轨迹，这些轨迹定义了机器人的步态、重心移动及躯干调整的具体细节，以维持平衡和动态稳定。

图 6.12　Optimus 机器人构建三维环境的占用图

通过仿真技术，特斯拉能够在虚拟环境中优化机器人的运动策略，包括步态调整、关节解锁和平衡控制。机器人需要实时处理大量来自环境的输入数据，并灵活应对未知或变化的场景。特斯拉通过集成高效计算平台与先进传感系统，使机器人能够快速响应环境变化。

特斯拉将自动驾驶技术应用于人形机器人平台的关键在于其出色的技术整合能力以及对环境的深刻理解。这种能力使特斯拉能够高效地在不同平台间迁移技术并实现适应性。

6.3.10　优势和局限性

在多任务端到端架构中，通过直接对从输入到输出的整个过程进行处理，系统避免了模块化架构中常见的信息丢失和错误累积问题。这种架构通过整合多个任务，保持了高效和准确的信息流，从而提升了模型的整体性能。与传统的分层架构相比，端到端架构具备更快的响应速度和更高的实时处理能力，因为它减少了中间步骤的传递和处理。此外，通过设计和训练方法的创新，端到端架构能够有效整合人类的先验知识，使模型在具体任务中能够更贴近实际的应用需求。

然而，端到端架构也具有一些局限性。首先，设计端到端架构时，需要同时考虑多个任务的特性和需求，这使网络结构的设计变得更加复杂。不同的任务可能需要不同的特征表示和优化策略，导致在进行系统设计时需要在多任务之间进行平衡和协调。设计不当可能会导致某些任务表现不佳，甚至出现任务间的性能冲突，称为"任务干扰"，特别是在各任务的目标存在竞争或矛盾的情况下。

其次，多任务端到端架构的性能高度依赖于网络结构的设计。不同的网络结构在处理不同任务时可能表现出显著差异，因此需要精细的调整和优化，以确保每个任务都能获得满意的性能。此外，处理多个任务通常需要更多的计算资源和数据存储空间，尤其在资源受限的环境中，这可能成为应用端到端架构的一大限制因素。

端到端架构的演化趋势更多的是朝着构建能够处理多个任务、多个模态的统一模型方向发展，这类模型在共享相同的底层表示的基础上，能够执行不同类型的任务（如分类、检测、生成等）。这减少了为每个任务设计和维护独立模型的开销，并且提高了对各种任务的泛化能力。例如，像 GPT-4、PaLM-E 等大模型能够同时处理自然语言理解、生成、图像识别、推理等任务。针对具身动作规划的特点，可以推测端到端具身大模型也必然朝着多任务统一模型的方向发展。

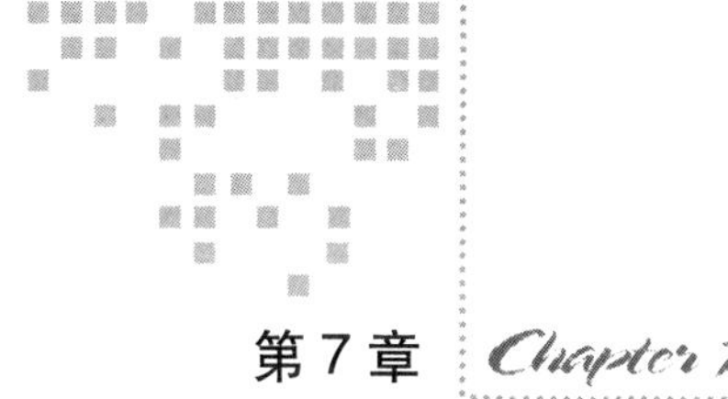

第 7 章 Chapter 7

具身智能记忆

在基于大模型的具身智能系统中，记忆模块在环境理解、决策制定和经验学习中发挥着至关重要的作用。具身智能系统依赖记忆来累积多模态信息，并对历史经验进行处理与更新，从而实现动态适应性。通过有效的记忆检索，系统能够将先前的知识应用于当前任务，以支持从任务级到动作级的规划。任务级规划依赖于长时记忆的积累，而动作级规划则需要短时记忆的实时反馈，两者协同作用，确保系统能够在复杂多变的环境中进行合理的行为选择与调整。

7.1 人类记忆

人类记忆作为大脑的核心认知功能，经过进化逐渐发展为支持复杂行为与决策的关键机制。对人类记忆系统的研究和理解人工智能系统中的记忆机制奠定了理论基础。如图 7.1 所示，根据记忆持续时间的不同，人类的记忆系统可以划分为感官记忆、工作记忆和长期记忆。

感官记忆是信息处理的第一阶段，负责对来自各种感官（如视觉、听觉等）的输入信息进行短暂存储。感官记忆的存储容量大，但持续时间极为短暂，通常仅为几百毫秒至几秒钟。尽管大部分信息会迅速消失，感官记忆为工作记忆提供了原始数据，支持后续的推理与决策过程。例如，在横穿马路时，视觉感官记忆能够快速捕捉交通状况，从而为个体做出是否安全通过的决策提供信息依据。

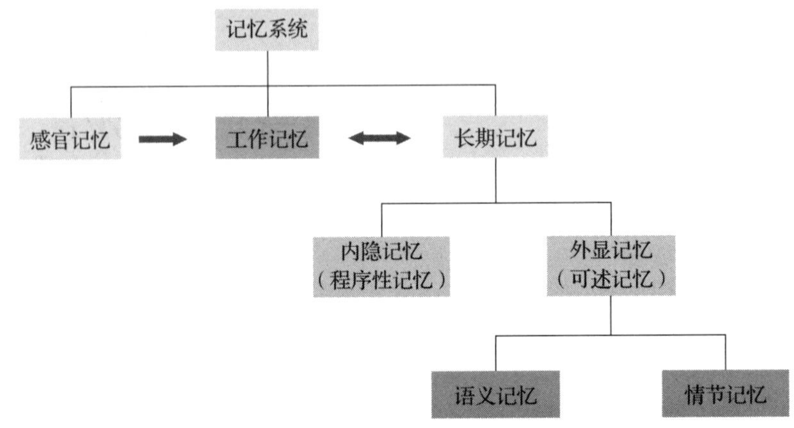

图 7.1　人类的记忆系统分类

工作记忆也称短期记忆，具备临时存储和处理信息的功能。正如图 7.1 中所示，工作记忆位于感官记忆与长期记忆之间，不仅存储当前处理的信息，还在认知任务中通过与长期记忆的交互来整合已有知识。工作记忆在复杂任务的执行中至关重要，特别是在学习、推理、理解和决策过程中。然而，其容量有限，信息通常只能在几秒内保持，除非通过复述或其他策略加以维持。工作记忆不仅用于信息的暂存，还提供了对信息进行整合、排序和更新的动态平台。

长期记忆是能够维持数天至数十年的记忆系统。长期记忆进一步划分为两大类别：内隐记忆（程序性记忆）和外显记忆（可述记忆）。内隐记忆负责存储无须努力即可自动化执行的技能和习惯，例如骑自行车或打字，通常通过长期练习获得。外显记忆则可被个体有意识地提取与描述，进一步细分为语义记忆和情节记忆。语义记忆存储与世界通用知识相关的信息，例如“巴黎是法国的首都”；情节记忆则与个人经历的具体事件相关，通常涉及时间和地点，例如记忆某人在巴黎度假时的细节。

长期记忆作为个体知识和经验的储备库，在决策过程中发挥着重要作用。例如，医生在诊断病情时，依赖于其长期记忆中的医学知识和临床经验以支持判断和决策。

根据图 7.1，工作记忆与长期记忆之间存在双向交互，工作记忆不仅处理当前任务，还通过检索与调用长期记忆中的信息来增强任务执行的有效性；同时，长期记忆的形成也依赖于工作记忆中对信息的处理与编码。

通过对人类记忆结构的深入分析，可以为大模型中记忆机制的设计提供重要借鉴。这种记忆机制不仅仅是对信息的短时或长时存储，还需要在不同记忆系统之间实现有效的协同，以支持人工智能模型在推理、决策及任务规划中的表现。

7.2 大模型的记忆机制

7.2.1 参数记忆

在大模型中，所谓的“长期记忆”可以被认为是存储在亿万参数中的知识。这些知识通过预训练或微调过程积累，并隐含在模型的参数权重中。这种隐含的知识类似于人类的语义记忆，即模型在处理语言任务时所依赖的世界知识、事实和规则。这些知识为模型提供了理解和生成文本的基础。

大模型的情景记忆则体现为其处理或生成文本时对特定上下文的依赖性。通过注意力机制（如图 7.2 中左侧的注意力热力矩阵所示），模型能够在生成新的内容时，参考当前的上下文信息，从而模拟对特定场景的记忆调用。这种机制使模型在处理跨段对话或多轮推理时，能够保持语义连贯性，并展现出类似人类情景记忆的特性。

研究表明，当模型接收到详细且具体的上下文信息时，可能会激活更复杂的推理模式，展现出类似因果推断和心智模拟的能力，这种现象与程序性记忆有相似之处，但其内在机制与人类大脑的处理方式并不完全一致。正如图 7.2 右侧的依赖树结构所示，大模型主要依赖基于图结构的注意力机制来处理上下文间的依赖关系并进行因果推理与逻辑判断，而不是通过类似人类大脑的神经网络机制。

尽管大模型的参数记忆能够存储大量知识，并在推理时通过注意力机制进行调用，但仍然存在诸多挑战。首先，参数记忆的隐式特性使得模型无法直接像人类一样清晰地调用特定的知识。在预训练过程中，模型的知识通过权重进行隐式编码，而非显式记忆，因此模型需要借助上下文信息来激活与当前任务相关的知识。这种隐式记忆导致了模型对新任务的适应性较差，尤其是在面对特定上下文或领域外的任务时，可能无法准确调用适当的知识。

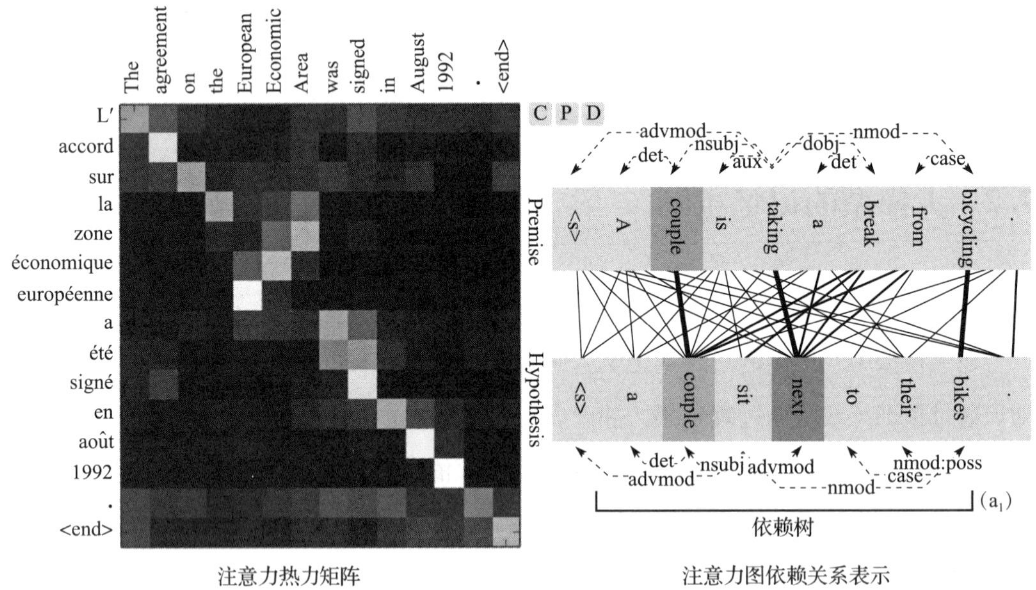

图 7.2　注意力热力矩阵和依赖关系表示[⊖]

其次，图 7.2 中的注意力热力矩阵虽然展示了大模型如何动态地处理上下文信息，但这种处理依然受到模型参数的限制。当上下文信息较少或不完整时，模型可能无法正确生成或推理出预期的结果。这是因为模型的记忆并不像人类大脑中的情景记忆那样灵活，而是依赖于参数中的隐式存储，难以在全新的情境中做出适应性调整。

另外，图 7.2 右侧的依赖关系表示展示了模型如何在推理过程中通过依赖树来处理上下文信息。然而，这种推理机制也依赖于模型在预训练时学到的语法和语义结构，无法真正模拟人类通过程序性记忆学会的技能。例如，人类在学习和掌握复杂技能时，程序性记忆能够快速适应变化的任务需求，而大模型的参数记忆则更为固定，需要大

⊖ 图片来源：https://www.comet.com/site/blog/explainable-ai-for-transformers/。

量新数据才能实现类似的适应。

通过对大模型注意力机制和参数记忆的深入研究可以发现，尽管大模型在某些任务中表现出与人类记忆系统相似的特征，但其本质上仍依赖于静态参数存储和动态注意力机制的结合。当前学术界尚未完全解决模型对复杂任务的自适应性问题，未来可以进一步探索如何通过更多层次的外部记忆机制或增强型注意力机制，来提升大模型在多样化任务中的表现。这也包括通过限制上下文范围或模块化设计，来测试大模型在特定条件下是否能够展现出类似人类记忆的灵活性与推理能力。

7.2.2　上下文与工作记忆

在大模型中，所谓的“工作记忆”可以类比为模型在处理输入时利用的上下文窗口。如图 7.3 所示，以 GPT-4 为例，其上下文窗口长度大约为 4096 个 token。在英文中，token 通常指单词或单词的一部分，而在处理汉字时，一个 token 可能代表一个汉字。因此，GPT-4 一次处理的上下文长度约为 4096 个 token，若按汉字计算，约等于 4096 个汉字。这相当于几页纸的文本量，模型可以在一次对话或生成任务中“回忆”或参考这些文本，从而进行推理。

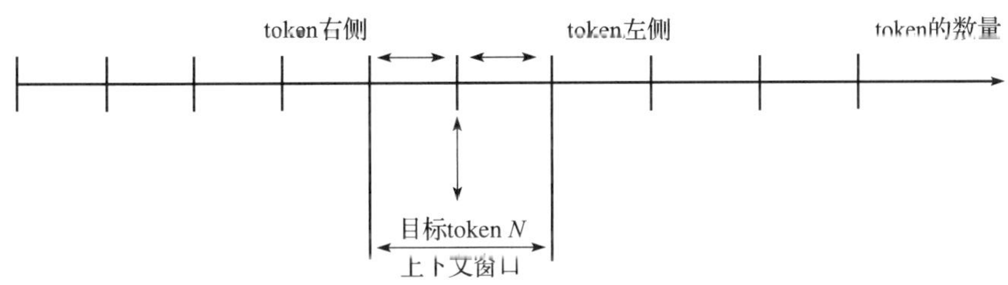

图 7.3　上下文窗口示例

人类的工作记忆不仅能暂存信息，还能进行排序、整合、关联和更新等操作。尽管大模型的上下文窗口并不具备人类工作记忆的动态处理能力，但可以通过 prompt 设计和上下文管理来优化模型的推理能力。这类 prompt 设计旨在选择性地提供关键信息，使模型能够聚焦于任务相关内容，类似于人类在解决问题时优先回忆相关信息的过程。将相关信息按逻辑顺序组织在上下文中，可以帮助模型更有效地进行信息整合与推理。例如，在对话或文本生成任务中，随着对话的深入，更新上下文窗口以包含最新信息至关重要。这使得模型能够基于最近的内容做出响应，确保话题的连贯性和逻辑性。有效的 prompt 设计还包括引导模型将新输入与已有上下文中的信息进行关联和整合，从而拓展推理的深度与广度。

在实际应用中，通过优化 prompt 和上下文，不仅能显著提升模型的表现，还能增强信息处理的准确性和相关性。合理的上下文有助于模型适应复杂的对话流和多变的信息需求。例如，在客户服务或长篇文本生成任务中，精心设计的 prompt 和上下文可以帮助模型在不同任务之间切换，保持信息的连贯性和一致性。然而，如何有效操控大模型的工作记忆，特别是在长对话或复杂任务中，使模型保持逻辑性并适应多样化的信息需求，仍然是提升模型性能的关键技术挑战之一。

7.2.3 外部记忆

大模型与人类大脑在记忆机制上存在显著差异。大模型依赖预训练过程来获取和存储其长期记忆。该过程不仅涉及大量的计算资源，而且在模型部署后，更新其内部的长期记忆通常面临经济和技术上的挑战。因此，通过外部存储空间来补充或替代大模型内部的长期记忆是解决该问题的主流技术，特别是在处理语义记忆时。这种方法在降低成本的同时，还能够增强模型的灵活性和准确性。

根据认知科学中对记忆形成的普遍理解，记忆过程通常分为三个阶段：编码（将信息获取并进行处理和组合）、存储（将处理后的信息进行长期保存）和检索（在需要时提取已存储的信息）。这种过程类似于流水线，将外部刺激转化为可存储和回忆的有意义的模式。在大模型中，外部存储机制的设计同样需要模拟这一过程，通过有效的编码、存储和检索机制，实现与人类记忆系统类似的功能。

检索增强生成（Retrieval-Augmented Generation，RAG）技术是一种应用大模型外部记忆的有效策略。如图 7.4 所示，这项技术通过在模型生成过程中引入外部知识库，使模型能够访问不在其内部参数中的信息，从而弥补其内部长期记忆的不足。RAG 的核心在于模型在生成响应之前，通过生成查询从外部知识库（如维基百科、数据库、文档库等）检索相关信息。然后，将检索到的信息整合到生成任务的上下文中，作为附加数据帮助模型提供更准确、时效性更强的回答。

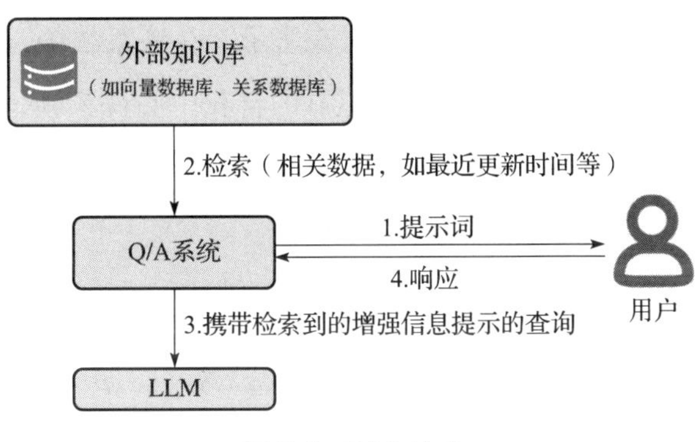

图 7.4　RAG 技术

通过引入外部知识库，模型能够应对更加广泛的问题，并且显著减少由于训练数据不足而引发的幻觉现象（即生成不准确或虚假的信息）。外部知识库还可以动态更新，使得模型在无须重新训练的情况下，能够获取最新信息。例如，模型可以通过外部知识库访问最新的新闻、科学发现等，特别适用于快速变化的领域。

外部记忆不仅弥补了大模型在长期记忆更新上的局限性，还使得模型在实际应用中表现出更高的灵活性和准确性。通过不断改进外部存储和检索机制，模型将能更好地模拟人类记忆的编码、存储与检索过程，为复杂的生成任务提供更加丰富的知识支持。

7.3　具身智能系统中的记忆机制实现

在具身智能领域中，记忆机制对于支持任务级和动作级的规划至关重要。这种机制不仅在人类智能中发挥关键作用，还在具身任务的推理和决策过程中不可或缺。在基于大模型的具身智能系统中，记忆模块是任务级和动作级规划的核心组件。

7.3.1　记忆来源

具身智能系统中的记忆来源可以划分为两大类：一类是在具身智能系统与环境交互过程中动态生成的记忆，另一类是外部知识库中的记忆。两者相互补充，共同支撑具身智能系统的推理和决策。

LLM-Brain[⊖]具身智能系统的架构如图7.5所示。在该系统中，负责处理视觉数据的组件是一个VLM。VLM接收来自视觉传感器的自我中心视频帧，并将这些视觉信息转换为自然语言描述，为系统的任务规划和决策提供语义基础。通过这种方式，具身智能系统能够以语言的形式理解和处理视觉信息。

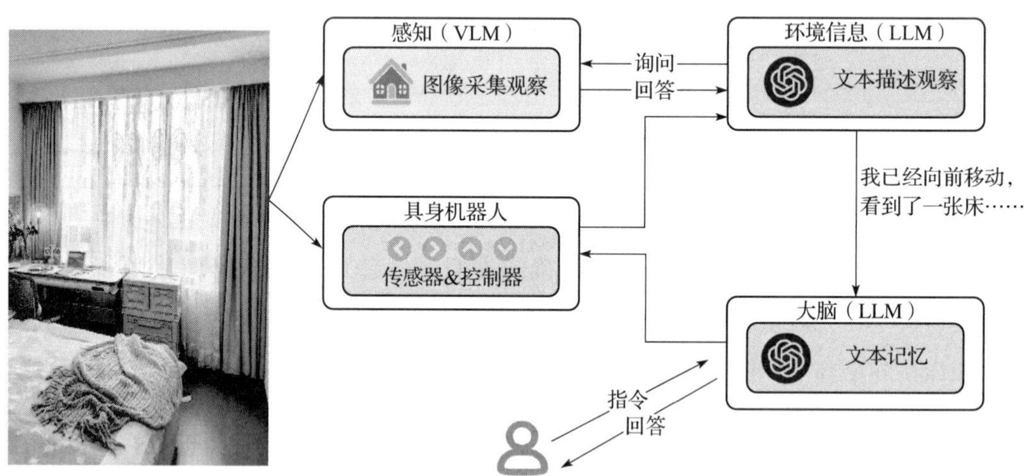

图7.5 LLM-Brain具身智能系统的架构

系统中的Nerve模块是一个LLM，承担着记忆加工的任务。Nerve通过与VLM进行交互，提出与上下文相关的问题，帮助深入理解从视觉数据中提取的环境信息。在复杂的动态环境中，Nerve能够识别并提取关键要素，从而适应不断变化的场景和任务需求。此外，Nerve还负责将所有交互过程中的对话和观察结果汇总，生成当前环境的详细描述，并将这些信息进一步处理，存储为内部长期记忆，以供后续检索和使用。

当具身系统接收到具体指令时，Nerve会从长期记忆中检索相关信息，并生成用于推理和规划的prompt。此时，系统中的Brain模块（LLM）接管任务，确保具身智能系统能够根据当前环境和任务要求做出合理的决策。Brain模块不仅依赖从Nerve检索的内部记忆，还能灵活地将外部知识整合到决策过程中。

⊖ LLM as A Robotic Brain：Unifying Egocentric Memory and Control，https://arxiv.org/pdf/2304.09349v1。

外部知识的整合是为了增强系统的记忆能力，尤其是用于任务决策的相关知识。通过访问外部知识库或工具的 API，具身智能系统能够实时获取最新的知识，以解决模型内部记忆更新不及时的问题。这种动态访问外部知识的能力显著扩展了系统的知识边界，使其能够在变化迅速的环境中利用最新的信息做出基于事实的决策。通过这种内外结合的记忆机制，具身智能系统不仅可以在特定任务和场景下完成复杂的推理和规划，还能够从不断扩展的知识库中获取最新的信息，为复杂决策提供更加丰富和准确的支持。

7.3.2　记忆实现方式

在上述例子中，虽然视觉信号已经通过 VLM 压缩为文本形式，但是否需要存储具身智能系统与环境交互的全部历史信息仍然是一个值得探讨的问题。尽管存储所有系统与环境的交互数据可以提供全面的信息，但这种做法在计算成本、推理时间和推理鲁棒性方面存在显著的局限性。

在实际应用中，如果将全部记忆作为长上下文输入到 LLM 中，推理过程中注意力机制的计算复杂度将随序列长度的平方增长，导致极高的计算成本。这不仅需要更多的计算资源，还会显著增加推理延迟，进而影响系统的实际部署。此外，随着记忆长度的快速增加，可能会超出 LLM 预训练期间的序列长度上限，从而导致必须对记忆进行截断。这种截断可能导致信息丢失，影响代理的记忆完整性。

更为关键的是，长上下文中的文本段落位置对其在推理过程中的利用效率有着重要的影响。由于长上下文中的记忆信息无法被均等且稳定地处理，这可能引发推理过程中的偏差和不稳定性。因此，简单地将所有交互信息直接连接到提示中并非最优选择。所有这些缺点表明，具身智能系统基于大模型的记忆机制需要额外的改进，而不仅仅依赖于长上下文的提示。

为解决这些问题，现有的三种主要方法包括：基于 RAG 的外部记忆机制、大模型参数微调以及参数编辑。这些方法旨在通过优化模型记忆的存储和检索机制，提高具身智能系统的效率和稳定性。

7.3.3 基于 RAG 的外部记忆机制

基于 RAG 的外部记忆机制是一种存储和检索智能系统过去经验的有效方法，广泛应用于具身智能的任务级或动作级的规划过程中，用于获取相关的历史经验。其核心思想是在系统规划的过程中，从外部存储中检索出与当前任务或情境相关的信息，从而为规划和决策提供支持。这些记忆通常存储在附加的存储器中，形式多样，包括文本、表格、知识图谱等。例如，文本形式的记忆可以存储类似人类的日常经验，并根据情境的相关性进行检索。通过文本编码模型将每条记忆编码为向量，并使用诸如 FAISS 库的索引结构，在检索时使用当前状态描述作为查询，从记忆池中提取相关信息。

不同的 RAG 方法在记忆的更新和检索机制上存在差异。借鉴计算机多级存储的概念，LLM 的上下文可以被类比为 RAM，而附加的存储结构则相当于磁盘存储。LLM 在推理过程中能够自发决定何时检索历史记忆，或将当前上下文保存到外部存储中。同时，部分研究还将历史记忆存储为 Q 值表，每条记录包含四元组（环境、任务、动作、Q 值）。在检索时，这些方法能够同时检索正面和负面的记忆，使得 LLM 可以基于环境和任务的相似性生成最优的规划。这种方法确保了系统既能够从过去的成功经验中学习，又能够从失败经验中汲取教训，从而在未来的决策中更加全面、准确。

基于 RAG 的外部记忆机制面临的挑战之一是如何在外部存储中处理和理解信息之间的长距离依赖关系，尤其是在超长距离依赖的情况下，捕捉到难以显式描述的语义或情感线索。同时，如何在决策时实现类似人类的直觉判断，也是学术界和工业界的研究重点。为了解决这一问题，微软团队提出了 Graph RAG，这是一种利用图结构进行语义聚类的创新方法，旨在优化基于外部记忆的检索增强生成过程。

如图 7.6 所示，Graph RAG 通过构建嵌入式知识图谱来处理源数据中的各种实体及其关系。系统首先利用知识图谱中的信息，并结合自下而上的聚类算法，将数据按照语义相似性进行分层组织。这种组织方式不仅有助于数据的结构化存储，还能有效捕捉数据中的长距离依赖关系。在这一过程中，语义聚类有助于系统在处理复杂的知识图谱和文本块时，识别出任务相关的关键信息。

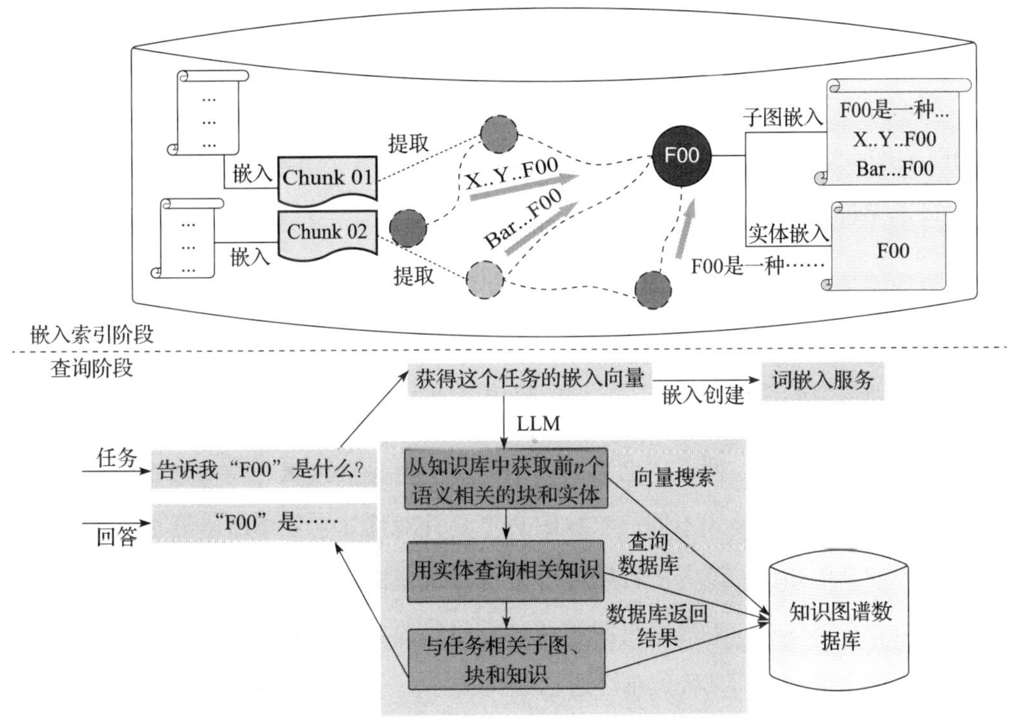

图 7.6　Graph RAG 图结构语义聚类[⊖]

通过这种语义聚类和知识图谱的结合，Graph RAG 能够在构建与 LLM 交互的 Prompt 时，充分利用捕捉到的长距离依赖关系，实现对人类工作记忆的模仿。在包括标准 RAG 的多个基线任务中，采用基于图结构的聚类方法具有优越的性能，能够显著提高具身智能系统的推理精度和决策效率。因此，Graph RAG 为具身智能中的记忆管理提供了一种有效的解决方案，不仅优化了信息检索和处理，还通过长距离依赖的建模，提高了系统在复杂任务下的推理能力。

7.3.4　大模型参数微调及参数编辑

在具身智能领域，通过微调大模型的参数将历史经验嵌入模型，是提升模型规划

⊖ 图片来源：Welcome to GraphRAG，https://microsoft.github.io/graphrag/。

能力的重要途径。这些经验样本通常从具身智能与环境的交互中收集，包含关于环境的常识、任务相关的先验知识以及成功与失败的案例。通过使用这些样本进行微调，模型能够记住与任务规划相关的信息，并在新的任务上展现出良好的泛化能力。例如，使用真实的行动轨迹进行下一个标记预测任务的微调，能帮助大模型捕捉与规划任务直接相关的知识。同样，将各种任务的计划轨迹以对话形式组织，并用于微调大模型，也可以在未见过的规划任务上获得显著性能提升。

尽管训练具有数十亿参数的语言模型成本高昂，但通过参数高效微调（PEFT）技术，如LoRA、QLoRA和P-调整等，可以有效降低计算成本并加快训练速度。这些技术通过减少更新参数的数量，提升了微调的效率，使得大模型的记忆嵌入过程更加可行。

除了参数微调，另一种将记忆注入模型的方法是参数编辑。与参数微调方法通过从特定数据集中提取的模式不同，参数编辑更具针对性，它只修改需要更新的特定事实，而不影响其他知识。该方法特别适合进行小规模的记忆调整，具有较低的计算成本，且更适合在线场景。参数编辑能够通过专门修改与问题相关的模型参数，避免对不相关知识的干扰，从而减轻灾难性遗忘的问题。

例如，如图7.7所示，参数编辑专门用于修改大模型中不准确或过时的知识。首先，模型接收到输入的查询，例如“人类是否能解决蛋白质折叠问题?”，并从模型内部库中提取出相关的旧知识（例如，错误地认为“难以解决”）。通过知识编辑模块，系统将这一旧的、不准确的信息替换为正确的答案（例如“基本解决”），而且这项操作只影响特定的知识点，而不会干扰其他相关或不相关的知识。

在图7.7中，知识库中的信息通过编辑模块注入到大模型的参数中，确保模型在推理时能够使用最新的、经过校正的信息。这种编辑方式不仅能够快速修正模型中的错误知识，还能够有效地缓解传统微调过程中因大规模的参数更新带来的计算开销和时间延迟。

参数编辑的优势在于其高效性和精准性。与参数微调不同，参数编辑专门针对个别知识进行修改，计算成本低，适用于在线和实时更新的场景。通过编辑模型中的小规模知识，系统能够迅速适应新的任务要求或环境变化，且不会影响模型的整体性能。

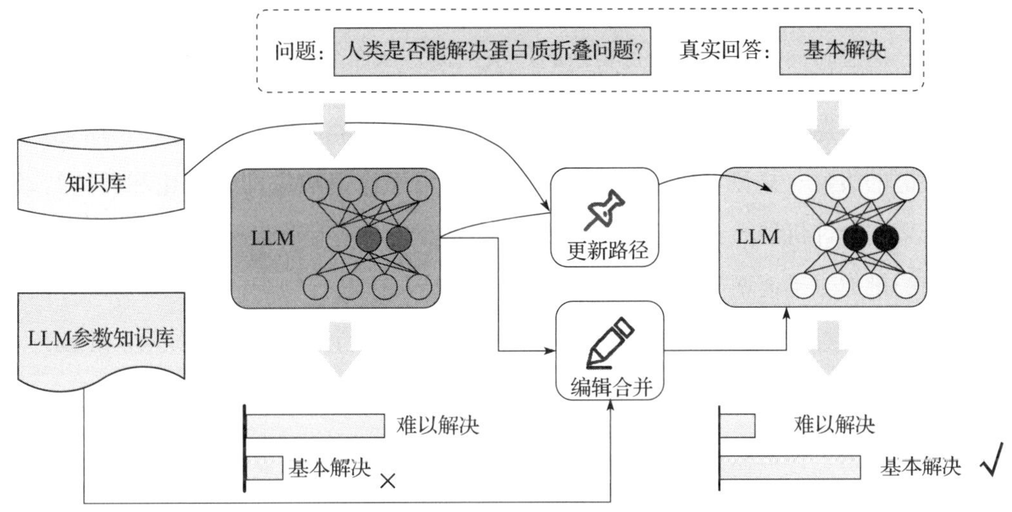

图 7.7　参数编辑修改大模型中不准确或过时的知识

然而，参数编辑也存在一定的局限性。虽然在小规模的知识更新中表现良好，但在面对复杂的、多层次的知识修改时，其效果可能不如参数微调。此外，参数编辑的有效性依赖于精确的知识定位和修改过程，因此要求模型能够准确地识别并修改与任务相关的知识。

在实际应用中，参数编辑为大模型提供了一种灵活、高效的记忆更新方式，尤其适合在动态环境下进行小规模、实时的知识调整。这种方式与微调方法相辅相成，根据具体的场景和需求，选择合适的方法能够优化具身智能系统的任务规划和决策过程。

7.4　记忆在具身智能系统中的作用

7.4.1　记忆驱动具身智能

在具身智能系统中，记忆的引入使得机器人能够有效存储并快速访问历史数据和经验。这些数据包括先前的观察、行动结果以及与环境的交互信息。这种记忆机制确保了机器人在遇到类似情境时，可以快速做出反应，而不必重复处理大量的原始数据。例如，当机器人已经在之前的探索中识别出某个区域的障碍物时，它能够从记忆中直接调用这一信息，而无须再次进行复杂的环境扫描，从而节省时间和计算资源。

通过整合长期记忆和短期记忆，机器人能够维持任务决策的连续性。长期记忆负责存储关键的策略、规则和经验，而短期记忆则用于快速响应即时变化和调整行动。这种记忆架构允许机器人在执行长期任务时，有效规划其行动步骤，并能够在遇到新的或未知的挑战时迅速调整应对策略。例如，机器人在进行复杂的任务规划或导航未知环境时，基于过去的经验和积累的知识，能够预测不同行动方案的后果，并选择最佳的行动路径。

记忆中的历史数据还可以帮助机器人预测未来的事件，为复杂任务的规划和环境导航提供参考。例如，通过分析在特定环境中的成功或失败经验，机器人可以优化其路径选择，避免潜在的障碍。随着时间的推移，机器人可以通过持续学习和记忆更新，不断优化其行为模式和决策过程。这种自我学习能力使得机器人能够在重复的任务或类似的环境条件下调整策略，从而提高执行效率和成功率。此外，记忆的动态更新也使得机器人能够快速适应新技术或算法，确保其功能始终处于前沿状态。

然而，在基于大模型的具身智能系统中，长期记忆主要依赖于训练期间形成的固定参数状态。尽管这些参数能够存储和调用历史信息以支持决策过程，但这一方式存在一定的局限性。随着任务和环境的复杂性增加，仅依赖模型参数存储记忆的方式会带来计算成本的显著增加。此外，模型参数的固定性使得系统在动态环境中缺乏足够的灵活性。

为了解决这些问题，引入外部记忆系统成为一种有效的策略。外部记忆能够有效补充大模型的参数存储限制，降低存储成本，同时增强系统的适应性和灵活性。外部记忆允许机器人通过查询外部知识库或存储空间，动态检索相关的环境信息，而无须频繁更新内部参数。这种方法不仅减轻了计算负担，还提高了系统的实时响应能力。

外部记忆尤其适用于需要快速响应和实时调整规划的具身任务。在这些任务中，环境通常是动态变化的，某些信息可能会随着时间的推移而失效或变得无关紧要。外部记忆系统允许具身智能在需要时动态更新或删除不再有效的环境信息，而无须进行大规模的模型微调或参数编辑。这种灵活性使得外部记忆在具身智能应用中具备显著优势。

通过使用外部记忆，具身智能系统能够以较低的计算成本，确保在不同任务和情境下灵活访问最新的环境信息，并迅速做出规划决策。这种方式不仅提升了系统的决策效率，也确保了系统在动态环境中的适应性。尽管外部记忆解决了许多瓶颈问题，但如何根据具身记忆的特性、传感器数据类型及其维度，设计合适的 Prompt 以提高大模型的规划性能，仍然是一个尚待解决的挑战。这涉及对模型记忆调用机制的进一步优化，以及提升其与具身传感器数据的交互效率。

因此，记忆在优化具身机器人的决策中扮演着核心角色，通过结合内部参数记忆和外部记忆的优势，具身智能系统能够实现更高效、灵活的任务规划与决策。这种综合记忆系统不仅增强了具身智能的自适应性，也为其在复杂和动态环境中的应用提供了强有力的支持。

7.4.2　技能学习与泛化

人类的程序性记忆（也称为内隐记忆）涵盖诸如行走、游泳、骑自行车等技能，这些技能并非与生俱来，而是通过后天学习获得的。程序性记忆涉及多个神经系统的协调工作，包括大脑、小脑和脊髓等结构。尽管技能的执行依赖于这些后天学习的经验，但维持运动平衡的基础能力（例如小脑的协调功能）作为先天机制，依然对技能的执行起着至关重要的作用。

在具身智能领域，大模型中的动作级规划能力可以类比于人类的运动功能。具身智能的基础运动能力，如平衡和协调，通常需要通过预训练或微调等方式来获得。本节重点探讨类似于人类程序性记忆中的运动技能是否可以通过非训练的方式实现，例如通过外部记忆系统或深度神经网络的支持来实现这些运动技能的有效应用。

人类的程序性记忆不仅仅是简单的技能存储，它还具备显著的泛化能力。这意味着一旦学会某项技能，人类能够在不同环境和条件下灵活应用该技能。这一泛化能力在具身智能系统中的实现是机器人技术的一个重要研究方向。通过外部记忆系统或深度神经网络模型，是否能够实现类似的泛化能力，是具身智能领域中一个关键问题。

在具身智能领域，技能可以定义为一系列在特定环境和上下文中为实现预定目标而设计和执行的动作或行为。这些技能通常具备目标导向性，即它们是为了达成明确的目标或解决特定的问题而设计的。如图 7.8 所示，大模型控制的智能体在“我的世界”游戏中通过对原始环境进行分析，能够总结并抽象出高层次的技能。这些技能的执行不仅基于模型的内部知识，还通过实时调整应对动态或不断变化的环境变量。

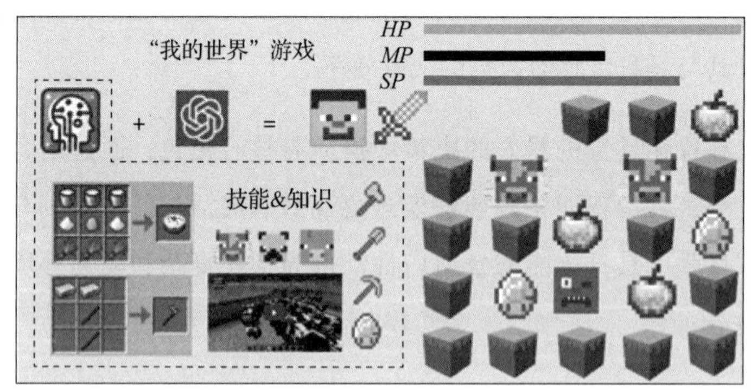

图 7.8　智能体在“我的世界”游戏中的高层次技能

具身智能中的技能需要具备环境适应能力。在动态环境中，技能的执行可能需要进行即时调整，以应对新出现的挑战或条件变化。此外，技能具有组合性，即复杂技能往往由多个简单动作或子任务组成。这些子任务相互协同，共同完成整体目标。例如，机器人抓取物体的技能可能包括视觉识别、目标定位、动作规划和物理操作等多个步骤。

有效的技能不仅要能够成功完成任务，还应考虑资源的优化使用，包括时间、能量和计算资源。例如，在具身任务规划中，智能体需要根据当前环境条件和目标选择最合适的技能组合，同时确保其高效执行以节省计算资源和能耗。

最后，技能还应具备泛化能力，即在不同但相似的情境中重复使用。例如，在某特定场景中学习的抓取技能应能够适应新的物体形状或位置变化。这种泛化能力使得具身智能系统能够灵活应对不同环境的挑战，而无须为每个新情境重新训练。

外部记忆系统可以进一步增强具身智能的技能泛化能力。在具身智能的动作规划中，外部记忆提供了灵活存储和动态检索的机制，允许系统在需要时访问先前的经验和环境信息，而无须对模型内部进行频繁的更新或微调。这种机制使得具身智能能够在复杂、动态的环境中迅速做出响应和调整。

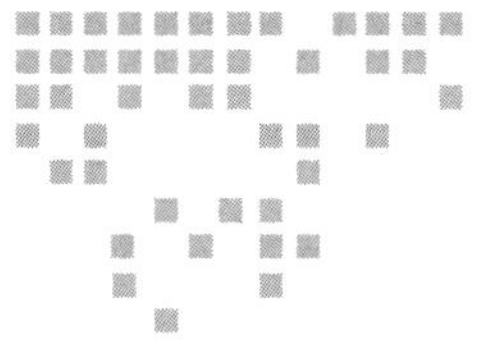

Chapter 8 第8章

决策优化

在复杂的任务规划和决策过程中，如何有效地选择并优化计划成为实现智能系统核心能力的关键。无论是面对动态环境中的具身任务，还是处理多约束条件下的逻辑推理，现代智能系统都需要具备高效的决策机制来确保任务的成功执行。大模型在语义理解与生成方面表现出色，但在需要精确规划和逻辑推理的任务中仍面临较大挑战。为了解决这些问题，结合多种决策优化策略并通过外部工具辅助，成为提升模型任务执行效率的重要途径。本章从决策优化的核心问题入手，将系统探讨多计划选择、反思与提炼以及外部规划器等策略与方法，为智能系统中的复杂决策过程提供一个全面的优化框架，并实现更加精确与高效的任务规划与决策执行。

8.1 多计划选择

具身任务的复杂性及大模型生成式人工智能固有的不确定性，使得为具身智能生成有效的任务计划成为一项挑战。在此背景下，即使 LLM 具备强大的推理能力，其生成的单一计划在一些场景下可能仍无法达到最优效果，甚至在某些情况下难以执行。因此，采用一种多计划选择策略，是一种有效优化决策的手段。多计划选择策略由两个关键步骤组成：首先是多计划生成，即构建多个可行的计划选项；然后是最优计划选择，通过比较这些选项以确定最适合当前任务需求的计划。

8.1.1 多计划生成

在大模型推理过程中，多计划生成旨在为复杂问题提供多种潜在的解决方案。不同于生成单一路径的方法，多计划生成构建了一个候选计划集，以备选择最优解。常见的生成策略基于解码过程中引入的多样性机制来增加生成计划的多样性。

这一方法背后的核心认知是，对于复杂问题，其解决方案往往不唯一。通过生成多个候选计划，系统可以灵活应对不同情况。例如，在具身智能的导航场景中，系统可能需要从多个预先生成的避障路径中选择最适合当前环境的路线。这种策略不仅提高了系统在紧急情况下的反应能力，也增强了对复杂环境的适应性，从而提升了任务执行的鲁棒性。

如图8.1所示，思维树（Tree of Thought，ToT）是一种多计划推理模型，它通过自上而下的多层次推理分支以及回溯机制生成多个解决方案路径。与传统的单一连贯推理链（Chain of Thought，CoT）相比，思维树模型在生成过程中应用了多种采样策略（如温度采样或top-k采样），以确保推理路径的多样性和鲁棒性。

思维树模型的优势在于其层次化的推理模式，使得LLM能够设计出复杂的推理结构，每一个分支代表不同的推理方向或选择路径。这种结构化的推理方式不仅增强了系统解决复杂问题的创造性和适应性，同时也增加了推理过程的设计复杂性和管理难度，特别是在多个备选方案中选择最优解时。

相比于线性或层次化的推理工具，思维图（Graph of Thought，GoT）通过构建二维推理节点和连接关系，赋予了推理过程更大的灵活性。思维图的设计允许在推理过程中动态调整节点和路径，以应对变化的任务需求。与思维树相比，思维图提供了更高的推理自由度，但这种自由度也可能带来推理路径分散等问题，进而影响推理结果的一致性和清晰度。尽管思维图具备灵活性优势，但其复杂性也要求在计算资源与优化算法方面投入更多，以确保模型能够高效管理多条推理路径，并输出一致、明确的推理结果。

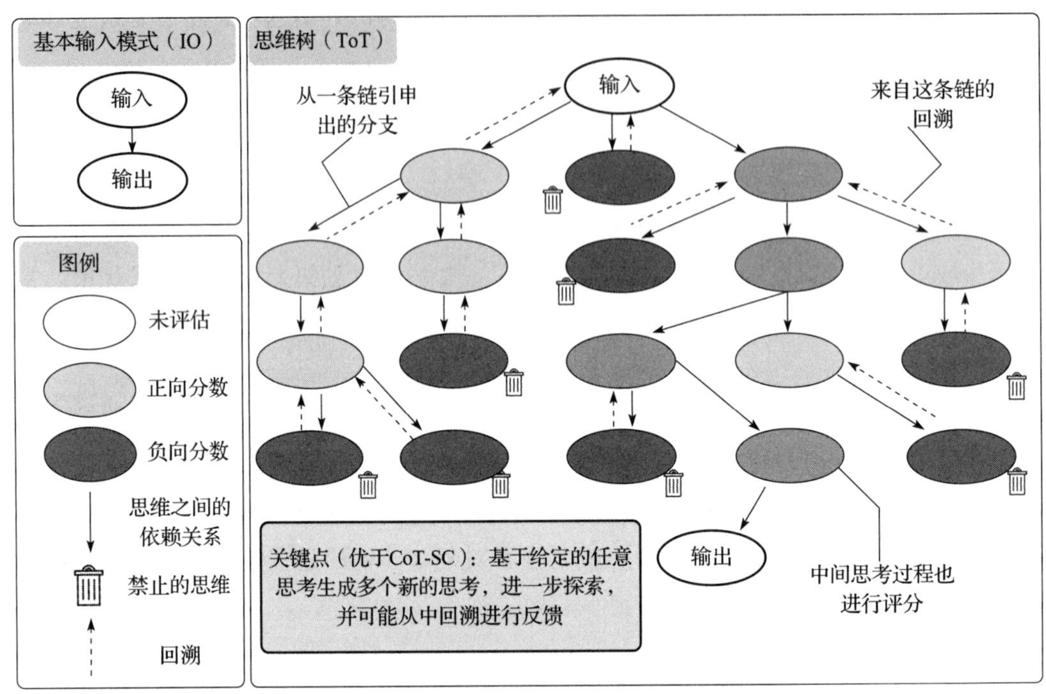

图 8.1　思维树示意图

8.1.2　最优计划选择

在选择最优计划时，通常会采用多种启发式搜索策略，以从多个候选计划中筛选出最符合当前任务需求的方案。这些策略基于特定规则或算法对各个计划的效果和可行性进行评估和比较。

自洽性推理中的一种常见方法是多数投票策略。在这种方法中，多个评估模型或决策者对每个候选计划进行审查，并投票选择最佳计划。最终，获得最多票数的计划被认为是最优选择。这一策略基于集体智慧，假设通过综合多个决策者的意见可以提高决策的合理性。然而，仅依赖多数投票可能会忽略计划之间质量的差异性，尤其是在决策者的知识背景或偏见存在差异的情况下。

为了解决这一问题，更多复杂的启发式搜索策略被广泛应用，包括加权投票、专家评分或结合机器学习技术的动态评估方法。这些方法能够根据不同任务和环境条件调整决策权重与参数，从而提供更为精准和灵活的解决方案。

思维树的树状结构能够支持多种经典的树搜索算法，如宽度优先搜索（Breadth-First Search，BFS）和深度优先搜索（Depth-First Search，DFS）。通过这些算法，思维树能够系统地探索生成的推理路径，筛选和扩展最有潜力的推理节点。在节点扩展的过程中，思维树利用 LLM 来评估候选动作。LLM 通过预测每个动作的潜在效果或计算其与目标状态的相关性，评估每个动作的优劣。

在此基础上，思维树选择最有可能实现期望结果的动作来扩展节点。为了进一步提高选择过程的效率和准确性，还可以结合启发式搜索方法，如使用启发式函数估算节点与目标状态之间的距离，或者应用成本函数来考虑行动的代价。这种方法不仅依赖于 LLM 的原始评估，还结合了问题特定的知识和优化策略，使搜索过程更加智能化、目标导向。

思维图的图结构通过更为灵活的节点网络关系支持多种搜索算法，包括蒙特卡洛树搜索（Monte Carlo Tree Search，MCTS）。MCTS 在处理有大量潜在选项的复杂推理问题时尤为有效。它通过重复模拟来估计节点的价值，并根据这些估计结果指导决策过程。

与思维树不同，思维图允许在节点之间形成更为复杂的连接网络，这为 MCTS 提供了更大的灵活性。在思维图的复杂网络结构中，MCTS 可以通过多轮模拟累积节点价值信息，从而找到最优的推理路径。

一些研究还提出了将经典 A 搜索算法与 LLM 相结合，用于优化推理路径。在这种方法中，A 搜索算法利用启发式成本函数估算从当前节点到目标节点的最短路径。例如，可以使用切比雪夫距离作为启发式成本函数，这在多维空间的格点模型中是一种有效的距离估计方法，特别适用于评估节点间的最大差异距离。

为了进一步提高搜索效率与准确性，可以结合思维图的图结构特性和 LLM 的语义理解能力，设计更为复杂的成本函数与评估标准。这种方法不仅可以考虑空间距离，还可能涵盖语义相似性、推理连贯性等因素，从而支持更全面、精确的决策过程。

8.2 反思与提炼

在具身任务规划中，反思与提炼是一种通过反馈循环机制优化决策算法的重要策略。这一过程使 LLM 能够从过往的错误中学习，从而减少未来的失误，提高任务执行的效率与准确性。

8.2.1 反思与提炼的过程

由于 LLM 可能受限于其训练数据的代表性以及推理算法的复杂性，它们在面对复杂或未知环境时，常常会出现所谓的“幻觉问题”，即生成的输出与实际情况不符。此外，LLM 在复杂决策任务中可能陷入“思维循环”，即反复生成无效的或同质化的解决方案，特别是在缺乏有效反馈时。例如，若一个机器人在导航任务中反复碰撞障碍物，反思过程将有助于识别感知系统的缺陷（如障碍物识别不足）或决策系统的不足（如避障策略不当）。在后续的提炼过程中，可以通过调整感知算法或修改路径规划逻辑，避免未来发生类似的错误。

反思过程的核心在于回顾已完成任务中的关键成败点，识别出决策过程中出现的失误和成功因素。提炼则基于反思阶段得出的结论，通过对模型的推理逻辑或行为策略进行调整，来提升后续任务执行的效果。如图 8.2 所示，反思提炼过程通常分为三个主要阶段：生成、反馈和提炼。

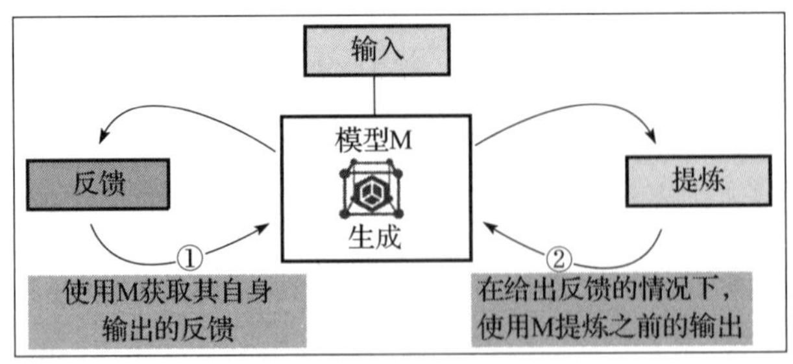

图 8.2 反思提炼过程[⊖]

⊖ 图片来源：Self-Refine：Iterative Refinement with Self-Feedback，https://arxiv.org/abs/2303.17651。

1）生成阶段。在该阶段，LLM 根据当前指令生成一个初步的任务计划或行动方案。这一阶段的重点在于通过模型的推理能力，提出多种可能的方案。

2）反馈阶段。在生成初步方案后，模型会通过外部或内置评估机制获取反馈信息。这些反馈可以来自人类专家的审查、其他系统的校验或者其他大模型的比较分析。反馈的目的是评估生成的计划或策略是否合理、有效，以及是否符合当前任务目标。

3）提炼阶段。根据反馈信息，LLM 会调整其推理参数或决策逻辑，纠正错误并优化未来的任务计划。这一过程不仅强化了 LLM 的容错能力，还提高了其面对复杂环境时的自适应性。

在这一过程中，外部知识库或搜索引擎等第三方评估机制扮演着至关重要的角色。例如，当 LLM 提供有关历史事件的解释时，反馈阶段可以利用在线百科全书或专业数据库来验证信息的准确性。一旦外部验证发现 LLM 的输出存在事实错误，模型将通过获取正确的信息进行修正。这不仅限于简单的错误修正，可能还涉及更新模型的知识库或对未来相似问题的推理策略进行调整。

此外，人类的先验算法也可以在某些领域中起到辅助作用。通过这些算法，可以有效规划某些特定任务，或为模型提供初步的验证和引导。这种方法的结合将大幅度增强 LLM 在复杂任务中的执行力和决策精度。

8.2.2 多角色

在反思与提炼的不同阶段中，通常引入多个大模型实例担任不同的角色，如生成、验证和提炼，以增强决策的准确性与系统的鲁棒性。多角色机制的核心思想在于使用多个独立的实体（可以是同一个大模型的不同实例，或是不同的大模型实例），每个实体都在各自的上下文和历史记录中独立运作，从而避免了角色之间的相互干扰或“上下文污染”。

每个角色基于其独特的上下文环境进行推理，这种独立性确保了各角色的思考不受其他角色的影响。例如，在处理复杂问题时，不同的大模型实例可能基于各自的训练数据或领域专长生成不同的解决方案。这种方式不仅能够保持每个角色的推理纯净性，还能够增强其在特定任务中的专注性和适应性。

此外，由于不同角色可能具有特定的训练背景或数据来源，它们在某些问题类型上可能拥有更深入的理解或更优的解决方案。通过这些角色之间的协作，可以集成多个领域的知识与视角，从而为复杂问题提供更为全面的解决方案。尤其当某个角色在推理或决策中出现偏差或错误时，其他角色的独立推理可以作为一种纠错机制，减少单一角色的误判风险。

在实际应用中，不同角色的输出可以进行比较与分析，通过这种协作与交叉验证，系统能够更轻松地识别并修正错误，从而显著提高决策的准确性。多角色机制在应对环境变化或任务的不确定性时，展现了出色的适应性与鲁棒性。各角色的独立处理能力使得系统能够灵活应对各种复杂情境，并根据不同的任务需求作出最优反应。

通过确保每个角色的推理过程不受其他角色的上下文污染，并充分利用各角色独立的视角与专业知识，整体系统的效率与解决问题的质量得到了显著提升。该机制尤其适用于处理复杂、多变或高风险的任务，能够通过多个独立角色的协作有效降低决策失误的可能性，并增强系统的应对能力。

8.2.3 局限性

反思与提炼策略在某些方面与强化学习有相似之处，尤其是在利用环境反馈来引导学习和决策过程方面。在这种策略中，多个大模型实例扮演了类似于强化学习中策略网络的决策者角色，环境反馈则作为触发学习与策略更新的驱动因素。这些模型实例通过分析任务输出和接收到的反馈，不断调整其生成的响应，类似于强化学习中基于奖励（或惩罚）来调整行为的策略网络。

然而，与传统的强化学习模型不同，传统模型通常通过更新参数（如权重）来实现学习和优化，而在 LLM 的反思与提炼过程中，这种更新不一定涉及直接的参数调整。相反，LLM 依靠自我反思机制进行更新，这种机制往往通过生成反思文本来评估先前的行动并提供改进建议。生成的反思文本可被视作一种“记忆”，可以短期或长期地嵌入模型的提示中，进而影响其未来的任务规划和响应行为。

尽管这种基于文本反馈的机制提供了灵活性，使模型能够根据任务需求进行动态调整，但它仍存在一些局限性。首先，这种自我反思并不总是具有收敛性保证。传统的强化学习中的更新通过数学推导来保证逐步收敛于最优策略，而反思与提炼中的文本反馈无法确保模型最终会收敛到最优解。自我反思的效果高度依赖于反馈的质量和相关性，而非每次反思都能提供有效的改进方向，这使得模型可能陷入局部最优，或在多次迭代中无法持续优化。

其次，文本反馈虽然在短期内可以调整模型的行为，但其作为长期记忆的持久性和可靠性仍然有限。模型在不同任务之间能否有效调用或保持这些反思经验仍然存在挑战。特别是当任务环境发生较大变化时，先前的反思可能失去其相关性，甚至可能产生误导。因此，虽然反思与提炼策略提供了一种动态、灵活的更新机制，但其在收敛性和长效性的保障方面仍然欠缺，这限制了其在面对复杂任务时的应用效果。

总之，反思与提炼策略为模型的动态调整提供了新的思路，但其局限性在于目前无法保证反思过程的持续优化效果。未来的研究需要在提高反思机制的可靠性、持久性和收敛性方面取得更大的突破，以确保该机制在复杂任务中的广泛应用与有效性。

8.3　外部规划器

LLM 在自然语言处理和语义推理方面表现出色，但在处理需要精确逻辑和复杂约束的任务时，如数学问题求解或具身动作规划，它们的性能可能受到限制。通过将 LLM 与外部规划器集成，可以在保留其强大的语义处理能力的同时，克服处理复杂约束的困难。这些外部规划器主要分为符号规划器和神经网络规划器。

8.3.1　符号规划器

符号规划器基于传统的符号逻辑和规则引擎，能够精确处理逻辑运算，并遵循严格的规则约束。通过与 LLM 集成，符号规划器可以补充 LLM 在精确逻辑推理方面的不足，增强其在复杂任务中的表现。这种组合特别适合需要严格逻辑推理的任务，如自动规划和具身任务执行。

例如，图 8.3 展示了 PDDL 任务规划器与 LLM 的集成过程。首先，PDDL 任务规划器基于输入的 PDDL 领域描述和 PDDL 问题状态生成一系列可执行的动作序列。这一序列提供了任务规划的框架，指示模型在面对复杂环境时如何行动。

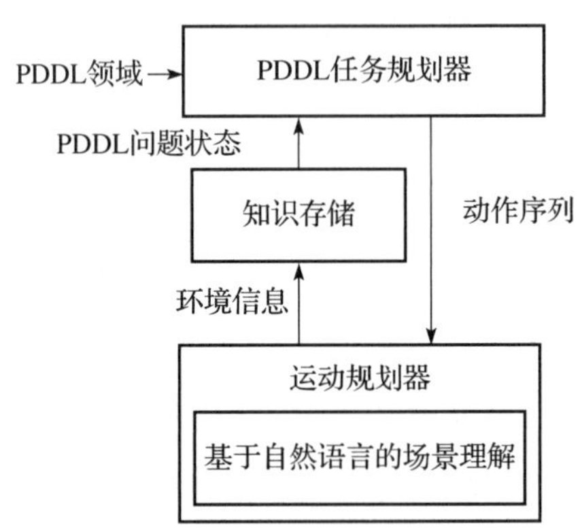

图 8.3　PDDL 任务规划器与 LLM 的集成过程

知识存储模块在此架构中起到中心枢纽的作用，存储从运动规划器收集的环境信息，同时维护任务状态与环境的同步。运动规划器通过自然语言理解场景，并提供环境信息给知识存储模块。知识存储模块的存在确保了 PDDL 任务规划器能够根据环境的变化进行动态调整。

在具身任务中，运动规划器根据任务规划器提供的动作序列执行实际任务。例如，在机器人操作中，运动规划器处理机器人在复杂环境中的运动路径，同时通过场景理解模块动态更新环境信息。LLM 通过自然语言理解提供高层次的任务指令，而符号规划器则确保这些指令能够转化为精确的动作步骤，并执行复杂的逻辑约束。通过集成 LLM 与符号规划器，这种方法尤其适用于以下场景：

- 复杂约束与逻辑问题。当任务包含多个复杂约束或逻辑规则时，符号规划器确保所有规则的严格遵守。例如，在机器人手术辅助系统中，符号规划器可以确保机器人遵循手术流程与无菌操作规范，而 LLM 则负责与医疗团队进行自然语言交互。

- 精确逻辑推理。符号规划器在需要高精度的任务中表现出色。例如，在电子芯片制造或航空部件装配中，每一步的操作精度至关重要，符号规划器确保机器人动作的准确性达到工业标准，而 LLM 可处理任务中非结构化的对话或数据解释。
- 高度结构化的环境。在高度结构化且可预见的任务场景中，如机器人路径规划或航空交通管理，符号规划器能够有效优化解决方案，并确保计划的可行性与效率。
- 动态交互环境。在环境变化迅速、需要实时调整的任务中，结合 LLM 的语义理解能力和符号规划器的响应能力，可以有效应对复杂交互。如智能导航系统可以通过 LLM 处理环境中的复杂语言信息，同时利用符号规划器制定实时调整的路径规划。
- 长期规划与决策支持。在需要长期规划和复杂决策的场景中，如环境监控，符号规划器可以规划长期步骤并优化资源配置，而 LLM 则实时处理传感器数据，解释环境变化并提供决策支持。

LLM 和符号规划器相结合的集成方法显著优于单独使用 LLM。虽然 LLM 在处理语义复杂性和非结构化数据方面表现出色，但它在需要精确逻辑推理和细节操作的任务中仍力不从心。符号规划器的引入弥补了这一不足，确保了规划的精确性和可靠性，从而极大提升了任务解决的效率与质量。通过结合两者的优势，该方法能够更加高效地应对各种复杂的任务场景。

8.3.2　神经网络规划器

神经网络规划器是一种深度学习模型，在大量规划数据上学习并优化决策策略。这类规划器旨在提升 LLM 在特定领域中的规划和决策能力。神经网络规划器通过两种主要方式实现：强化学习和模仿学习。

在强化学习中，模型通过与环境的交互来学习最优策略。通过尝试不同的行动并根据反馈（奖励或惩罚）调整策略，神经网络规划器逐步优化其决策过程。这种方法特别适用于有明确奖励机制的规划任务。

模仿学习则依赖于已有的高质量专家决策示例进行训练。通过模仿专家的决策过程，神经网络规划器可以在没有明确奖励信号的情况下学习复杂策略，并应用于复杂的任务情境中。

例如，图 8.4 展示了一个典型的 DRRN（Deep Reinforcement Recurrent Network，深度强化循环网络）策略的神经网络规划器，该模型将规划过程建模为马尔可夫决策过程（MDP），并通过交互学习最优策略，以在给定状态下选择最佳行动。DRRN 可以与 LLM 结合，作为外部规划器使用。首先，LLM 处理输入的文本信息，利用其强大的自然语言处理能力解析复杂的环境描述。基于这些解析，LLM 生成一组候选动作，反映了可能的行为策略。

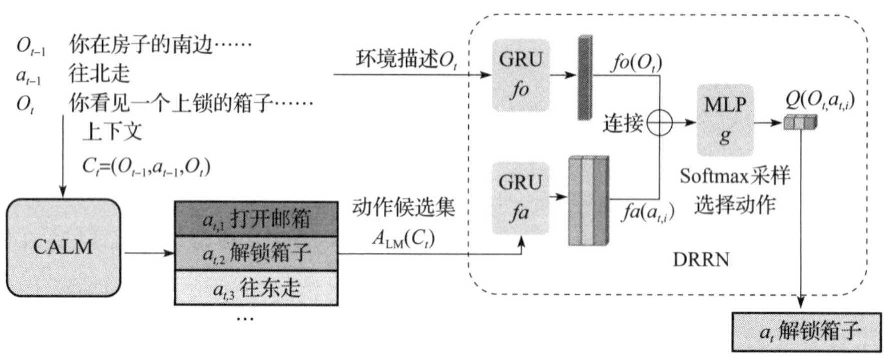

图 8.4　DRRN 策略的神经网络规划器[⊖]

随后，DRRN 对这些候选动作进行评估和优化排序。DRRN 使用强化学习训练得到的策略网络评估每个动作的价值函数，计算出预期回报，确保所选择的动作能够最大化成功的可能性。最终，DRRN 从排序后的动作列表中选择评分最高的动作作为最优行动。

与强化学习不同，模仿学习在具身智能中也有着重要的应用。模仿学习通过从专

⊖ 图片来源：https://www.microsoft.com/en-us/research/blog/building-stronger-semantic-understanding-into-text-game-reinforcement-learning-agents/。

家或模拟环境中收集的示例数据进行训练，人类认知心理学中的“双过程理论”可以很好地解释这一过程。该理论将规划任务分为“慢思考”和“快思考”两类。慢思考涉及复杂推理和理性决策，适用于新问题或复杂场景，通常需要较长时间处理多个可能的结果。快思考则类似于长期训练形成的本能反应，适合常见或熟悉的情景，反应速度快且高效。

例如，决策变换器（DT）是一种基于 Transformer 架构的模仿学习模型，直接从人类决策行为中学习规划策略，实现“行为克隆”。经过模仿学习训练的 DT 能够充当“快思考”的角色，用于快速生成初步规划方案。当快速生成的方案在实际执行中遇到困难时，系统会切换至“慢思考”模式。此时，LLM 则根据详细状态和上下文进行更深入的推理和规划，以适应新的挑战和变化。

在集成外部规划器（包括符号规划器与神经网络规划器）的系统中，这些规划器通常扮演辅助角色，专门用于解决特定任务。符号规划器擅长处理具有明确规则和约束的任务，而神经网络规划器通过强化学习和模仿学习技术解决更具动态性和复杂性的任务。

在这一系统中，LLM 作为核心组件，负责解析复杂环境信息，识别何时需要调用外部规划器以进行更精确的规划。通过集成符号规划器与神经网络规划器，LLM 得以在复杂任务情境中优化决策流程，结合数据驱动的预测能力和外部规划器的专用推理优势，提供更加全面的决策支持。

Chapter 9 第9章

中间件与基础库

在复杂的具身智能任务中，有效进行动作规划与控制是实现高效、智能系统的关键。无论是面对动态环境的实时调整，还是在多任务、多约束条件下的动作执行，智能系统都需要具备强大的动作规划能力，以确保任务的顺利完成。ROS 和 MoveIt 2 等工具在机器人系统的中间件与基础库层面提供了高效的通信、控制与规划机制，但在具体执行过程中，机器人仍需借助逆向运动学（Inverse Kinematics，IK）、轨迹优化等策略来应对不确定性和物理限制带来的挑战。本章将从中间件与逆向运动学的基本问题入手，系统性地探讨 ROS、MoveIt 2 的功能，以及如何通过逆向运动库实现高效的人形机器人任务规划与执行，为机器人智能化提供一个全面的基础设施支持框架。

9.1 ROS 机器人中间件框架

ROS（Robot Operating System，机器人操作系统）是一个开源的机器人软件开发框架，旨在简化和加速机器人应用的开发过程。在此框架中，中间件作为核心组成部分，负责协调和管理机器人系统中不同模块之间的通信。

9.1.1 ROS 的生态系统

ROS 系列的核心目标是提高机器人软件的复用率，它支持广泛的机器人应用，从教育和研究到产品开发和部署。作为一个全面的框架，ROS 提供多种工具和模块，涵盖从硬件抽象、设备驱动、通信中间件到高层的开发工具和库，支持广泛的机器人应用开发。其模块化设计允许开发者将复杂的软件系统分解为更小、更易管理的部分，这些部分可以重用并集成到库中以提高开发效率。图 9.1 所示为 ROS 的生态系统。

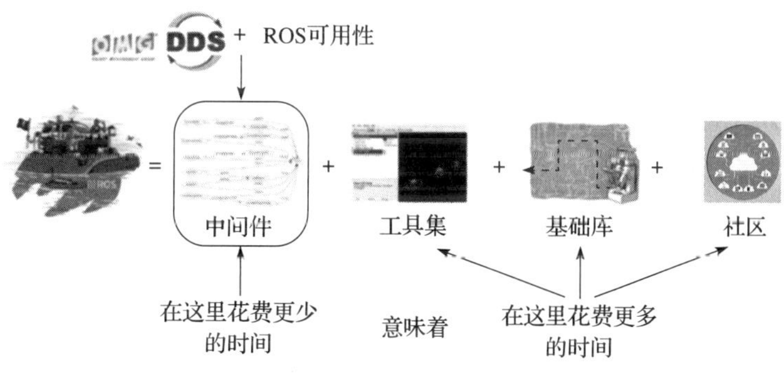

图 9.1 ROS 的生态系统

1）中间件。中间件在 ROS 框架中被称为“管道”，其作用是处理机器人系统中的复杂通信与协调。机器人系统通常涉及多个传感器、执行器以及复杂的控制算法，组件之间需要进行高效的数据交换和同步。ROS 通过节点和话题提供了一种模块化的通信方式，使开发者能够专注于算法与功能的实现，而无须关注底层通信与同步细节，从而提高开发效率。

2）工具集。ROS 提供了一套强大的命令行和图形工具，用于配置、启动、调试、可视化、模拟和日志记录等工作。这些工具覆盖了机器人系统开发中的各个环节，能够对源代码的管理、构建和分发进行全面支持。此外，ROS 还包含一整套用于监控和管理机器人系统运行状态的工具，提升了开发的便捷性。

3）基础库。在机器人应用的开发过程中，通常需要重复实现传感器驱动、运动控制、导航、视觉处理等功能。ROS 通过包管理系统提供了大量现成的库，开发者可以直接使用这些库或在其基础上进行二次开发。这种功能模块的复用不仅降低了开发的复杂性，还大幅减少了重复劳动，提高了整体开发效率。

4）社区。ROS 拥有一个全球性的、活跃的开源社区，开发者可以在社区中分享代码、经验和工具，共同推动机器人技术的发展。全球的研究人员与开发者通过这一社区共享知识与资源，构建了一个庞大的知识库。社区的力量使得 ROS 框架不断优化和演进，快速适应技术发展与行业需求，为开发者提供了强大的技术支持与创新平台。

9.1.2 ROS 2 架构

ROS 2 的架构设计基于分层的模块化设计。这种分布式模块化设计的目标是将复杂的机器人系统分解为独立的功能模块，并通过标准化的通信接口进行管理。与其他的复杂领域类似，机器人系统中的问题最适合通过分布式系统方法来解决。ROS 2 系统包括设备驱动程序、感知系统、控制系统和执行器等模块，每个模块在运行时都有自己的执行上下文，并通过显式的通信共享数据，以确保系统的灵活性和可扩展性。

为了有效地管理组件间的通信，DDS（Data Distribution Service，数据分发服务）实现层充当 ROS 2 的通信中间件标准，负责在系统中高效且可靠地分发数据。DDS 支持异步消息传递，形成事件驱动的通信机制。通过服务质量（QoS）设置，DDS 优化了带宽和延迟，确保了数据传递的实时性和可靠性。图 9.2 展示了 3 种常见的 DDS 实现——eProsima Fast DDS、Eclipse Cyclone DDS 和 RTI Connext DDS，开发者可以根据项目需求选择合适的实现。

在抽象 DDS 层，ROS 提供了 RMW 作为适配层，用于连接上层的客户端库与下层的 DDS 实现。该层为不同的 DDS 实现提供统一的通信接口，开发者可以根据性能需求、软件许可或平台支持选择不同的 DDS 实现，而无须更改上层的应用代码。这种抽象设计为 ROS 2 提供了高度的灵活性，确保系统可以随着时间的推移进行调整而不影响上层的开发。

客户端库层为不同编程语言提供了 API，方便开发者进行应用开发。ROS 提供了多种编程语言的客户端库，包括适用于 C++的 rclcpp 和适用于 Python 的 rclpy 等。这些客户端库依赖于中间接口 rcl（C 语言实现），提供了通用的核心功能，确保不同编程语言之间的互操作性。

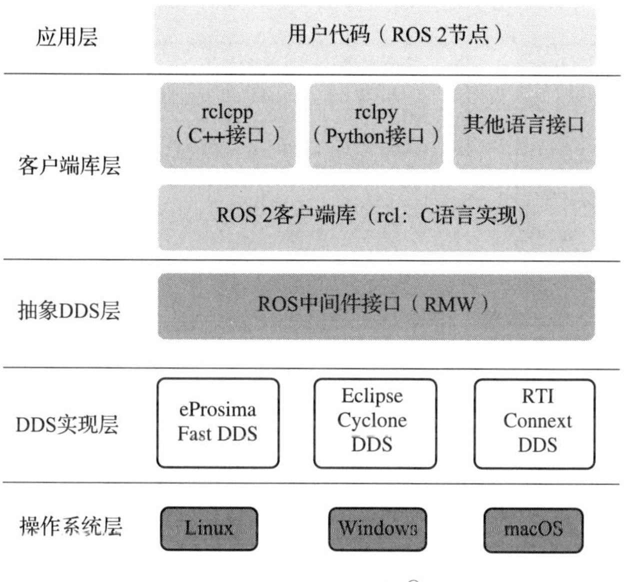

图 9.2　ROS 2 架构[㊀]

在最上层的应用层，开发者编写的应用程序通过调用 ROS 客户端库的 API 来实现机器人功能。ROS 2 支持分布式通信模式，包括发布/订阅、服务和动作，开发者可以将系统分布在多台计算机或多个进程上，实现分布式计算，甚至连接到云平台。

这一架构的分层设计有效地实现了底层通信与上层应用开发的解耦，确保了系统的灵活性和可扩展性，使开发者能够专注于应用层功能的实现，而无须关心底层通信机制的复杂性。

9.1.3　分布式通信模式

如图 9.3 所示，在 ROS 2 中，分布式通信模式主要通过以下 3 种机制实现：

1）主题模式：通过主题进行异步消息传递，发布者和订阅者不直接耦合。

2）服务模式：同步请求/响应通信，类似于远程过程调用。

㊀ 图片来源：https://automaticaddison.com/ros-2-architecture-overview/。

3）动作模型：支持长时间任务的异步请求/响应通信，具有反馈、取消和抢占功能。

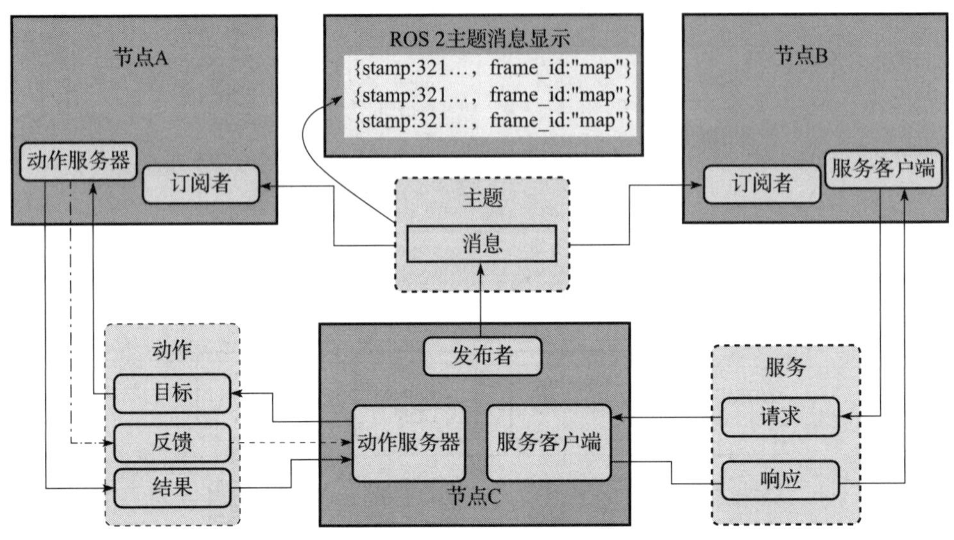

图 9.3 ROS 2 节点接口[⊖]

1. 主题模式

在主题模式中，数据生产节点称为发布者，数据消费节点称为订阅者。两者通过主题名称建立连接，发布者在发布消息时，需要指定一个字符串作为主题名称，而订阅者则需要指定相同的主题名称来接收消息。任何使用相同主题名称的发布者和订阅者可以直接进行通信。每个主题可以有多个发布者和订阅者，当任一发布者将数据发布到主题时，所有订阅者都会同时接收到数据。正如图 9.3 所示的那样，节点 C 作为发布者，将消息发布到一个主题，而节点 A 和节点 B 作为订阅者接收该主题的消息。这种架构与电气工程中的总线概念类似，提供了强大且灵活的通信能力。

ROS 2 的主题模式是匿名和强类型约束的。匿名意味着订阅者在接收数据时无须关心或知道发布者的身份，这允许发布者和订阅者在不影响系统其他部分的情况下自由替换，从而提高了系统的灵活性与鲁棒性。强类型约束体现在消息中每个字段的类型

⊖ Robot Operating System 2：Design，architecture，and uses in the wild，https://www.science.org/doi/10.1126/scirobotics.abm6074。

都被严格定义，并且在不同层次被强制执行。例如，如果一个消息包含 uint32 field1 和 string field2，系统将确保 field1 始终是无符号整数，field2 始终是字符串。这种类型检查在系统层面提供了数据的一致性和可靠性。

此外，ROS 2 支持多种消息类型以适应不同的应用场景。常见的消息类型如下。

- 标准消息类型：如 std_msgs/String，用于处理通用数据，定义在 std_msgs 包中。
- 传感器消息类型：如 sensor_msgs/Image，用于处理各类传感器数据，定义在 sensor_msgs 包中。
- 几何消息类型：如 geometry_msgs/Point，用于处理几何信息，定义在 geometry_msgs 包中。
- 导航消息类型：如 nav_msgs/Odometry，用于处理与导航相关的数据，定义在 nav_msgs 包中。
- 自定义消息类型：开发者可以根据具体需求定义自定义消息类型。自定义消息类型允许开发者组合各种标准消息类型，以满足复杂的应用需求。

在调试过程中，开发者可以使用 ros2 topic echo 工具监听并显示节点间的通信消息，帮助理解系统的通信流程和数据流动。通过这样的工具，开发者可以轻松查看不同节点之间的消息传递情况，从而对系统进行调试和优化。

2. 服务模式

在 ROS 2 中，服务模式是一种同步的请求/响应机制，它的执行过程与远程过程调用非常类似。一个节点（客户端）可以向另一个节点（服务器）发起远程过程调用，服务器负责执行计算并返回结果。服务在 ROS 2 中的使用需要快速响应，因为客户端通常会阻塞等待服务器返回结果。因此，服务不适用于运行时间较长或需要中断处理的任务。对于此类任务，建议使用动作模型来代替。

服务通过服务名称进行标识，形式类似于主题名称，但位于不同的命名空间。服务由服务器和客户端组成：服务器接收远程请求并执行计算，客户端发起请求并等待结果。正如图 9.3 所示的节点 A 和节点 B，它们作为服务客户端，将请求发送至节点 C（作为服务服务器）进行处理。服务消息示例如图 9.4 所示。

```
uint32 a
uint32 b
…
uint32 sum
```

图 9.4　服务消息示例

服务器接收消息后，将 a 和 b 相加并返回结果 sum。需要注意的是，每个服务名称只能有一个服务服务器。如果同一服务名称下存在多个服务服务器，则无法确定哪个服务器会接收客户端的请求。然而，可以有多个客户端向同一服务服务器发出请求。

3. 动作模型

动作模型适用于长时间运行的任务，并支持反馈、取消和抢占功能。例如，机器人的高级状态机可以通过动作接口指示导航子系统前往指定的航点，这一过程可能持续几秒或几分钟。在执行过程中，导航子系统可以提供反馈信息，告诉高级状态机当前的行驶进度，并允许高级状态机在必要时取消或抢占任务。

动作通过动作名称进行标识，类似于主题名称但位于不同的命名空间。动作由动作服务器和动作客户端组成：动作服务器负责执行具体的过程，同时在任务进行时发送反馈，并对取消或抢占请求做出响应；动作客户端负责发起动作请求并等待结果。计算斐波那契数列的动作模型消息如图 9.5 所示。

```
int32 order
…
int32[] sequence
…
int32[] sequence
```

图 9.5　计算斐波那契数列的动作模型消息

动作服务器接收该请求消息，开始计算序列直到 order（在此过程中提供反馈），并最终返回完整的结果 sequence。需要注意的是，每个动作名称只能有一个动作服务器。如果同一动作名称上存在多个动作服务器，则无法确定哪个服务器会接收客户端请求。动作客户端是请求远程动作服务器代表其执行某个过程的实体。根据上述示例，动作客户端创建包含 order 的初始消息，并等待动作服务器计算序列并返回结果（在过程中提供反馈)。与动作服务器不同，可以有任意数量的动作客户端使用相同的动作名称。

ROS 2 的动作模型使系统能够更好地处理复杂、长时间的任务，并提供了更丰富的控制能力。通过图 9.5 可以清楚地看到，动作模型在分布式系统中的通信和反馈机制，为开发者提供了高效且灵活的工具来管理系统的不同任务。

9.1.4 节点

节点是 ROS 2 架构中的基本参与者，通过客户端库与其他节点进行通信。节点能够在同一进程内、不同进程中，甚至不同计算机上进行通信。作为计算的基本单位，节点应执行特定的逻辑操作。按照在不同通信模式中的角色，节点可以是发布者、订阅者、服务服务器、服务客户端、动作服务器或动作客户端，以及它们的组合。例如，适配器节点（也称为包装器节点）是 ROS 2 系统中用于与机器人硬件设备（如传感器、执行器等）交互的关键组件。它封装了所有与具体硬件设备的通信逻辑，负责读取硬件数据或向硬件发送控制命令。通过 ROS 2 的分布式通信机制，适配器节点可以根据不同的需求充当不同的角色。

适配器节点可以作为发布者，定期从硬件设备中读取数据并将其发布到特定的主题上，供其他节点使用。例如，在图 9.6 中，电机的适配器节点通过发布者将电机的当前速度（/current_speed）和电机状态（/motor_status）发布到 ROS 网络中，使其他节点（如监控节点或导航节点）可以实时获取这些信息。适配器节点也可以作为订阅者，订阅来自其他节点的控制命令，并将这些命令转换为具体的硬件操作。在图 9.6 中，电机的适配器节点通过订阅者订阅了/speed_command 主题，接收速度或方向的调整指令，并根据这些指令调整电机的运行参数。

适配器节点还可以作为服务服务器，当需要执行同步的请求/响应任务时，适配器节点可以提供服务。在图 9.6 中，电机的适配器节点通过服务服务器提供了/stop_motor 服务，允许其他节点发出停止电机的请求，节点接收到请求后调用 stop( ) 函数执行操作。适配器节点同样可以作为服务客户端，发起对其他服务的请求。例如，一个传感器适配器节点可能需要调用另一个节点提供的数据过滤服务来优化其传感器数据。

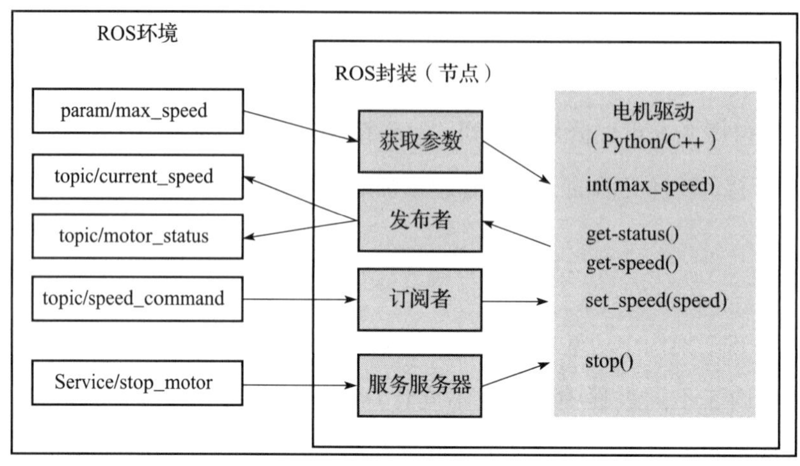

图 9.6 电机的适配器节点[⊖]

对于长时间运行的任务，适配器节点还可以充当动作服务器，处理复杂的硬件操作并提供执行反馈。例如，机械臂的控制节点作为动作服务器，负责执行精确的移动操作，并在任务执行过程中提供反馈信息。适配器节点同样可以作为动作客户端，发起长时间的任务请求，并管理这些任务的执行和反馈。例如，移动机器人的导航节点可以作为动作客户端，发起路径规划任务，并在执行过程中接收路径进度更新。

9.1.5 参数配置

在 ROS 2 中，参数与节点的生命周期相关联，节点可以保存参数的状态，使得参数在节点重启后依然保持之前的设置，而不会重置为默认值。这为节点的运行提供了高度的灵活性和可调性。参数主要用于配置节点的行为，而非直接描述节点的运行状态。例如，图 9.6 所示的电机适配器节点的/max_speed 参数用于限制电机的最大运行速度，这影响了电机的行为，但并不直接描述电机的当前状态。节点的状态，例如当前电机的速度（/current_speed），是节点实际运行时的情况，而参数则是外部对节点行为的配置。

⊖ 图片来源：https://roboticsbackend.com/create-a-ros-driver-package-introduction-what-is-a-ros-wrapper-1-4/。

ROS 2 支持将参数保存在一个集中式的参数服务器上，节点可以通过参数服务器注册、更新和持久化其参数。当节点重启时，它可以从参数服务器获取之前设置的参数值，确保节点能够恢复到先前的配置状态，而不必重新设置参数。

参数通过节点名称、命名空间、参数名称和（可选的）参数命名空间进行寻址。每个参数由键（字符串类型）、值（如 bool、int64、float64、string 等类型）和描述符（用于描述参数的约束或说明）组成。参数的声明机制确保了在节点启动时所有参数的类型和名称都是明确的，减少了运行时的配置错误。

节点的参数可以在启动时进行配置。在运行节点时，可以通过命令行参数或 YAML 文件设置初始参数值。此外，使用 ROS 2 的启动工具也可以指定节点的初始参数配置。节点的参数还可以在运行时修改。在节点的运行过程中，可以使用 ros2 param 命令修改参数值。节点也可以通过合适的 API 修改自身或其他节点的参数。尤其是在启用了安全增强（如 sROS 或 DDS Security 插件）的系统中，节点之间修改参数时可能需要特定的安全凭证和权限，包括身份验证和授权。例如，图 9.6 中的电机适配器节点从参数服务器获取/max_speed 参数，并根据该参数限制电机的最大速度。

ROS 2 提供了一个灵活的回调机制，使节点能够响应参数的动态修改。节点可以注册以下 3 种参数回调：

1）预设参数回调：在参数实际被修改之前触发，用于审查即将设置的参数值。通过此回调，节点可以修改即将生效的参数值，或者拒绝不合法的参数更改。例如，对于控制温度传感器的节点，它允许设置传感器的采样频率参数/sampling_rate，但采样频率必须在特定的范围内（例如 1~10Hz）。预设参数回调可以在参数被设置之前检查新的采样频率值是否在 1~10Hz 内。如果不满足条件，回调将返回 false，并阻止该参数的设置，从而确保参数修改的安全性和正确性。

2）设置参数回调：在参数被成功设置后触发，节点可以根据新的参数值调整自身的内部状态，或决定是否接受修改。如果节点拒绝参数修改，可以通过返回错误阻止该参数的变更。例如，对于控制机器人移动的节点，可以通过参数/speed 来设置其速度。设置参数回调可以在参数修改后立即检查新的速度值是否符合电池的电量状态。

如果电池电量过低并且设置的速度过高，回调将返回 false，拒绝新的速度值，以确保系统在安全的条件下运行。

3）设置后参数回调：在参数修改完成且被确认后触发，节点可以利用此回调执行与参数更新相关的操作，如调整内部变量或重新配置与该参数相关的资源。例如，摄像头节点可以通过参数/resolution 设置图像分辨率。当分辨率被修改后，设置后参数回调重新配置摄像头的图像处理算法，以适应新的分辨率。

通过这些回调机制，节点可以灵活地控制哪些参数可以被修改，并能够在参数发生变化时做出相应的反应。这不仅提升了系统的安全性和可控性，还能确保节点在参数变化时保持其数据一致性，并在必要时重新调整其内部逻辑。

9.2 MoveIt 2 逆向运动库

MoveIt 2 提供逆向运动学（IK）解算功能，允许用户根据末端执行器的目标位置和姿态来计算机器人关节的配置。

9.2.1 基本概念和功能

MoveIt 是一个开源的机器人运动规划与控制工具，广泛应用于路径规划、操控和仿真等机器人任务中。MoveIt 2 是该工具在 ROS 2 环境下的优化版本，重点提升了数据处理效率和实时性能，以更好地满足现代机器人应用的需求。

在 MoveIt 2 中，用户可以通过配置文件灵活选择和切换不同的 IK 解算器，从而为具体应用场景选择最合适的解算方案。这种灵活性尤其适用于具有特定运动学需求的机器人任务，如抓取、组装、焊接等自动化操作。

MoveIt 2 完全兼容 ROS 2，能够无缝集成 ROS 2 提供的其他功能和工具，如多机器人协同、安全特性和改进的网络通信能力等。这种集成使 MoveIt 2 能够在复杂的机器人系统中发挥更大的作用。为了帮助开发者充分利用其 IK 功能，MoveIt 2 社区提供了丰富的文档和教程，涵盖从基础部署到高级自定义和优化 IK 解算器的各种操作。

作为 MoveIt 2 的核心组件之一，IK 功能为机器人开发者提供了强大的工具，能够高效实现复杂的运动规划和任务执行。借助多样化的 IK 解算器插件和经过优化的 ROS 2 架构，MoveIt 2 可以满足现代机器人应用中对高效性和灵活性的严格要求。

9.2.2　MoveIt 2 的解算器库

MoveIt 2 的 KDL（Kinematics and Dynamics Library，运动学和动力学库）和 TRAC-IK 解算器库在非人形机器人（如工业机械臂）应用中各具优势与局限性。具体选择哪种工具，通常取决于应用的需求、期望的性能以及解算精度的要求。

KDL 是一个专用于运动学和动力学计算的 C++库，隶属于 Orocos（Open Robot Control Software，开源机器人控制软件）项目。它提供了灵活、高效的方式来处理各种机器人运动学和动力学问题，支持多种类型的机器人结构，包括串联和并联机构。KDL 支持正向运动学，即根据机器人的关节配置计算末端执行器的位置和姿态；也支持逆向运动学，即根据给定末端执行器的目标位置和姿态计算相应的关节配置。KDL 包括数值和解析两种求解方法，二者适用于不同的机器人应用场景。此外，KDL 提供了详细的动力学计算工具，如质量矩阵、科氏力和力矩的计算，这些工具适用于复杂的控制系统设计。

KDL 还支持树形结构等复杂的机器人模型，使其在处理具有多个臂或分支的机器人系统时具备优势。该库使用 C++实现，具有较高的执行效率，且与其他编程语言和框架的集成性较好。通过 ROS 提供的接口，KDL 被广泛应用于 ROS 环境中的各种机器人项目。然而，KDL 的逆向运动学解算相对底层，要求用户具备一定的机器人学和编程知识。此外，KDL 的逆向运动学解算在某些复杂情况下可能不如专门的优化算法高效。

TRAC-IK 是一个专为提高逆向运动学解算速度和精度而设计的高效解算器。该库结合了数值方法和解析方法，显著提升了解算速度和精度，尤其适用于处理复杂的机器人任务。TRAC-IK 最初是为了克服 KDL 在某些应用中的性能瓶颈而开发的，能够在保证精度的同时显著提高解算速度。其灵活的接口允许用户根据应用需求在求解速度与精度之间进行权衡。并且 TRAC-IK 还支持处理多个目标姿态的情况，这使其在复杂的机器人结构和任务规划中具有更高的适用性。

TRAC-IK 的内部实现基于优化理论，通过智能选择初值和迭代策略，有效减少了求解过程中的计算量并降低了失败率。此外，它还能够处理运动学中的奇异配置和运动限制问题，这些问题在传统 KDL 求解器中可能会导致解算失败。尽管 TRAC-IK 的实现相对封闭，定制化程度较低，但其高效性和可靠性使其成为实时控制系统（如高速机械臂或自动化生产线）的理想选择。

综上，如果项目要求快速的逆向运动学解算和较好的实时性，如工业机器人在动态环境下的快速响应，那么 TRAC-IK 是更为合适的选择；而如果项目需要更全面的运动学与动力学分析，或者机器人模型具有复杂的结构和运动需求，则 KDL 更为合适。MoveIt 2 所提供的灵活配置和解算器组合能力，使其成为非人形机器人应用中一个强大的工具。

9.2.3 逆向规划的一般过程

MoveIt 的 IK 功能基于机器人模型和预设算法，能够在实时环境中根据指定的目标位置和姿态计算出相应的关节配置。

首先，必须确保机器人模型已通过 URDF（Unified Robot Description Format，统一机器人描述格式）或 Xacro（XML Macros）文件正确定义和加载。这些文件详细描述了机器人各个关节和连杆的物理参数、尺寸及运动限制。模型中每个关节的运动范围和行动能力都需要精确定义，以确保 IK 解算的准确性。

其次，进行 MoveIt 的配置。方法通常是使用 MoveIt Setup Assistant 工具为特定机器人生成配置包。在此过程中，开发者可以设置运动学参数、碰撞检测功能、控制接口等关键配置。重要的是，用户可以在此阶段选择合适的 IK 解算器，如 KDL 或 TRAC-IK 等。不同的 IK 解算器适用于不同的应用场景，用户应根据机器人任务的需求选择最佳方案。

在设置完成并选择了合适的 IK 解算器后，开发者可以通过 MoveIt 提供的 API 调用 IK 服务。这通常涉及编写一个 ROS 节点，在节点中发送末端执行器的目标位置和姿态（通常以三维坐标和四元数或欧拉角表示），IK 解算器将返回实现该目标的关节角度配置。

MoveIt 的 IK 解算器根据目标末端状态实时计算出相应的关节配置。这些计算结果可以直接用于控制机器人执行实际动作。在将 IK 解算器正式部署到硬件之前，开发者通常会通过 ROS 环境下的仿真工具（如 RViz 或 Gazebo）测试 IK 解算器的输出，以验证其是否符合预期。如果测试结果显示有偏差，开发者可能需要调整机器人模型或解算器配置以提升性能和精度。

这一过程不依赖于预先收集的数据，而是实时基于目标状态和机器人物理模型计算关节参数。通过 MoveIt 的 IK 解算器进行关节角度的自动计算是一个相对直接的过程，能够大大简化机器人的运动规划，允许开发者集中精力于更高层次的任务设计和实现。

9.3 人形具身逆向运动库

在人形机器人的控制中，除了计算末端执行器的运动外，还涉及动作协调和平衡控制等更复杂的问题。与传统机器人相比，人形机器人必须模拟人类的行走、站立等全身运动，这不仅要求对手臂或上肢的精确控制，还必须协调下肢的运动，并持续维持整体平衡。MoveIt 2 中的传统逆向运动库在处理这类复杂问题时存在一定的局限性，通常需要与其他技术手段结合才能有效解决。

9.3.1 全身逆向运动

传统的逆向运动学解算器的核心任务是通过指定末端执行器（如机械臂末端的抓手或工具）的目标位置和姿态，计算出需要的关节运动参数（如角度或位移）。然而，在人形机器人中，这类计算需要扩展到整个身体，包括双臂、躯干和双腿的运动。全身逆向运动学解算器必须协调机器人全身所有活动关节的运动，以在实现目标姿态的同时维持平衡。尤其在人形具身机器人中，平衡控制是一个核心挑战，需要机器人在执行任务（如抓取或操纵物体）时保持稳定。平衡控制不仅依赖于逆向运动学解算，还涉及复杂的动力学计算。为确保平衡，必须实时计算机器人的重心位置、支撑面与外力的影响。这些计算通常依赖于动力学模型和控制算法的支持，以确保机器人能够在完成任务的同时应对外部环境的变化和干扰。

构建人形具身机器人还必须考虑如何有效表征具身形态及其与外界的交互。具身形态表征是指根据机器人与环境的交互状态推理其全身关节的姿态变化。为了实现这一目标，必须建立复杂的交互模型，将机器人的运动轨迹与它与其他物体的相互作用紧密结合。此类机器人不仅要执行单一动作，还要在执行任务的过程中与周围环境或其他主体进行自然、安全的互动。例如，协作搬运、急救任务或投掷等复杂操作需要机器人控制系统能够处理多任务并发，解决动作协调、力量分配和平衡维护等问题。这要求机器人能够快速适应环境变化并应对突发情况，特别是在涉及与人类直接物理接触的情况下，确保交互的安全性和自然性尤为重要。

在这一过程中，数据收集和迁移学习也扮演了重要角色。收集和分析人类在不同交互场景下的运动数据，将这些数据有效迁移到具有不同尺寸、关节结构的具身机器人上，并优化其运动轨迹，是实现自然互动的关键。机器人控制系统不仅需要具备灵活的逆向运动学解算能力，还需要集成学习算法，以满足不同具身形态与任务的需求。

9.3.2 人体姿态表征

在计算机动画、机器人学以及人机交互（HCI）等领域，构建人体的参数化三维模型对于表征和模拟人类动作至关重要。人体姿态是这些动作的核心元素，相关技术的进展使我们能够通过多种方法对其进行建模和估计。如图 9.7 所示，人体姿态可以通过以下方法具体实现：

1）关键点表示：通过预测人体关键点的位置来表示姿态，这些关键点可以是 2D 图像中的像素点或 3D 空间中的坐标点（如图 9.7 中的第二张子图所示）。这种方法适用于简单的人体姿态估计任务。

2）人体铰链结构表示：通过人体的关键点和连杆之间的层次结构来表示动作（如图 9.7 中的第三张子图所示）。这种方法能够更准确地捕捉到关节之间的运动关系。

3）简化的 3D Mesh 表示：利用不包含细节的 3D 网格模型来展示人体的动作（如图 9.7 中的第四张子图所示），不涉及面部、手势或脚踝等细节，常用于快速动作分析。

4）包含细节的 3D Mesh 表示：相比前一种方法，此方法更为精细，包含面部表情、手势和脚踝等复杂的姿态细节（如图 9.7 中的第五张子图所示）。这种方法提供了更为完整的人体运动信息。

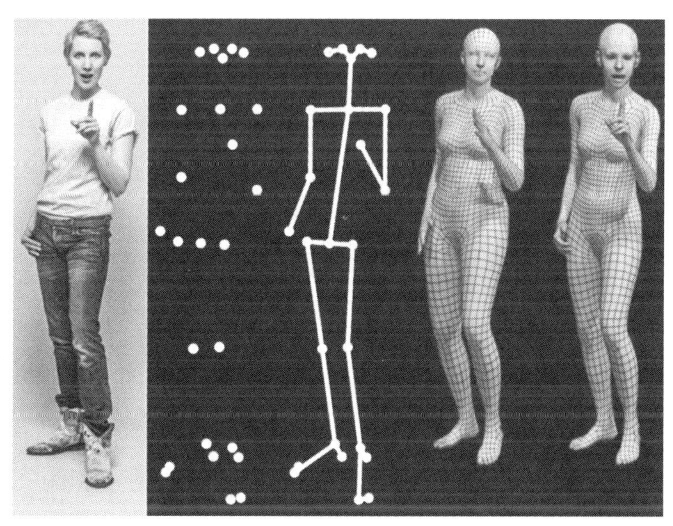

图 9.7　描述人体姿态的方法

在这些方法中，3D Mesh 表示由于考虑了人体的形态特征（如身高和体型），在动作模拟中具有更强的表现力。这些方法为研究人员提供了不同层次的信息，支持更准确地分析和模拟人体动作。

SMPL（Skinned Multi-Person Linear）模型作为一种包含细节的 3D Mesh 表示，是人体姿态和形态估计中一种广泛使用的统计模型，它通过形状参数和姿态参数来描述人体的几何特征。其形状参数由 10 个维度组成，用以捕捉不同个体的体形特征，如身高、体重等。姿态参数则由 24×3 个维度组成，用于表示 24 个关节点相对于父节点的旋转，旋转角度采用轴角表示法（Axis-angle Representation）。如图 9.8 所示，在 SMPL 模型中，人体被建模为由 24 个关节点构成的层次结构。这一结构通过运动学树（Kinematic Tree）确保了关节点之间的相对运动关系。0 号节点作为根节点，其余 23 个节点的姿态通过相对于父节点的旋转来描述。除了相对旋转外，根节点还需要定义全局旋转和位移，分别使用 3 个参数描述。

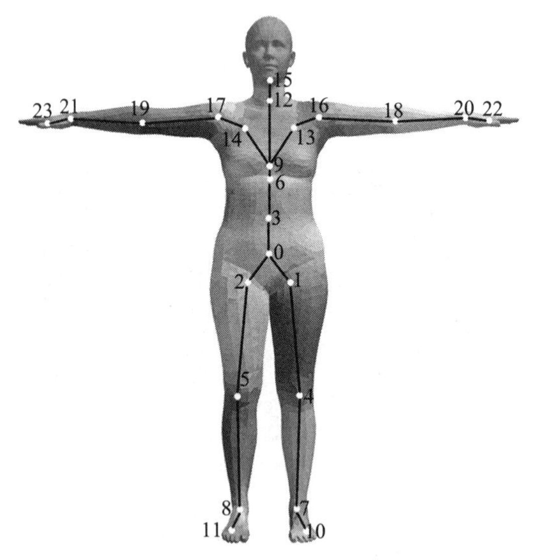

图 9.8　SMPL 模型人体建模层次结构

在人形具身机器人中，逆向运动学算法不仅要求精确计算关节位置，还必须确保整体动作的协调性和姿态的稳定性。尽管在某些场景中，蒙皮效果和形状参数的优先级不如姿态控制高，但 SMPL 模型的运动学树结构提供了关键的参考框架，为逆向运动学算法的设计和优化奠定了基础。

例如，在逆向运动学推理中，23 个非根节点的旋转可能需要通过 23×3 个参数进行描述。为了全面表达复杂的动态动作，例如行走或奔跑，还需要对根节点的旋转和位移进行额外建模。这种方法允许算法在精确控制人体姿态的同时灵活适应各种复杂的运动场景。通过这种模型，研究人员能够有效地控制和调整人形机器人的姿态，从而实现高度逼真的运动模拟和任务执行。这种方法不仅有助于在交互任务中维持平衡和稳定，还支持根据不同的任务需求灵活调整动作和姿态。

9.3.3　交互表征

在多人互动或人与环境交互的场景中，动作通常以关节角度和运动学约束的形式描述空间关系。然而，传统的表示方法在处理这些密切互动时存在局限性，特别是当需要自动计算有效动作时，往往依赖于随机探索和大量的碰撞检测计算。

互动网格是用于编码关节和环境中物体之间密切互动关系的工具。通过为每个身体部位使用具体的几何形状（如胶囊或盒子）并进行包裹，创建了清晰的空间边界，为后续的动作计算和交互检测提供了基础。这种方法通过选择关节位置作为参数，使得约束矩阵稀疏化，从而简化了计算，避免了烦琐的依赖关系和计算密集的雅可比矩阵更新。

基于互动网格，互动图（Interaction Graph）通过抽象建模人体不同部位（如手臂、腿、头部）与环境对象（如另一名参与者、道具等）之间的交互关系。互动图利用几何和拓扑表示将这些身体部位和环境元素相连，捕捉动作过程中关键部位的空间关系。首先通过点云建立人体关节和物体顶点之间的初步联系，然后借助 Delaunay 四面体化方法生成互动网格。这一过程确保了在动作交互中，特别是在紧密接触时，空间关系的精确编码与维护。

如图 9.9 所示，在互动图中，节点代表身体部位或环境物体，边则表示这些节点之间的相对空间关系，如距离和方向。对于某些复杂的身体运动（例如前臂的旋转），互动图通过在身体和物体的边界几何体上采样虚拟顶点，进一步精确捕捉了身体部位的相对方向和位置。

互动图通过实时更新节点之间的空间关系，确保动作在整个过程中的连贯性和真实性。例如，在舞蹈中，如果某个动作要求一名舞者的手臂始终与另一名舞者保持特定的距离和角度，互动图会动态调整相关节点的位置，确保这一空间关系的持续维持。此外，互动图可以通过拉普拉斯坐标系等数学工具优化节点间的相对位置，保证在动作的不同帧之间，身体部位的运动保持自然流畅。这一机制不仅适用于单人动作建模，还支持包含多人、多物体的复杂场景中的交互建模，确保动作的连续性、协调性以及物理上的合理性。

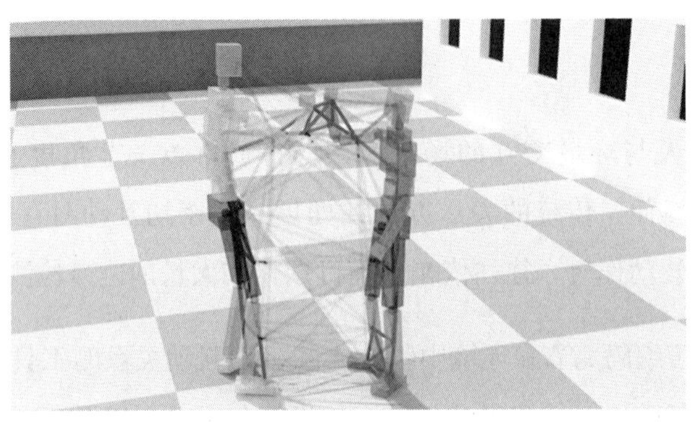

图 9.9 空间关系的互动图建模[⊖]

接触图（Contact Graph）是对互动图的扩展，主要用于优化和精确处理涉及物理接触和碰撞的场景。互动图通常用于描述动作中物体之间的空间关系，而接触图更专注于表示动作过程中的具体接触点和接触面。在复杂动作场景中，物理交互的精确管理依赖于对接触点的准确捕捉，接触图通过附加二进制接触标签（0 表示无接触，1 表示有接触），为这些关系提供了更精细的表征。这种扩展使得接触图在动作分析与模拟中具备更高的精度，尤其适用于那些需要控制接触动态的场景，如武术、舞蹈、体育运动等。

在处理有大量接触点的复杂场景时，接触图通过聚合节点来简化图结构。这一聚合方法将多个相关的身体部位或物体节点合并，减少了需要处理的节点和边的数量，提高了计算效率并降低了内存使用。例如，手部和脚部的多个关节点可以聚合为一个节点，从而简化它们与其他物体或身体部位的接触处理。

如图 9.10 所示，接触图有两种主要形式：完整接触图和聚合接触图。

- 完整接触图（图 9.10a）：每一个节点代表一个物体或机器人身体的一个独立部位，边则表示这些节点之间的接触关系。每条边附加一个二进制标签，“0”表示无接触，而“1”表示有接触。例如，图中 Part 2 与 Obj 2 之间的边标记为“1”，表明两者之间存在接触。

⊖ 图片来源：Simulation and retargeting of complex multi-character interactions，https://arxiv.org/abs/2305.20041。

- 聚合接触图（图 9.10b）：通过将多个身体部位聚合到单个节点中来简化图结构。这种聚合方法有效减少了图中的节点和边数量，从而优化计算过程。在图中，Aggregated Parts 1 和 Aggregated Parts 2 分别包含多个身体部位，聚合节点与物体之间的接触关系仍然通过二进制标签表示。例如，Aggregated Parts 1 与 Obj 2 之间的边标记为“1”，表明聚合部位与物体之间有接触。

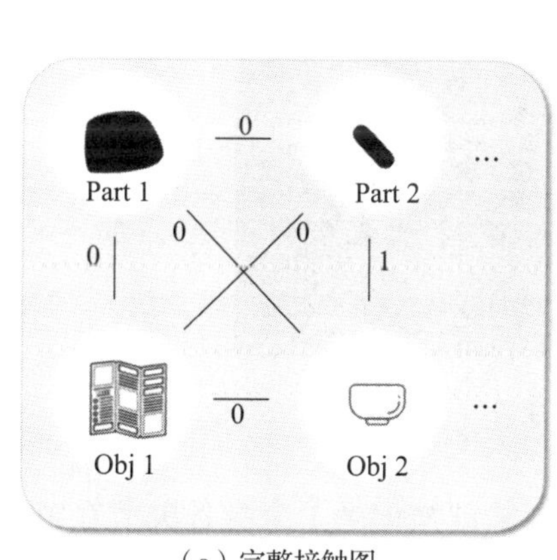

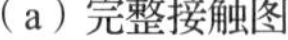
（a）完整接触图

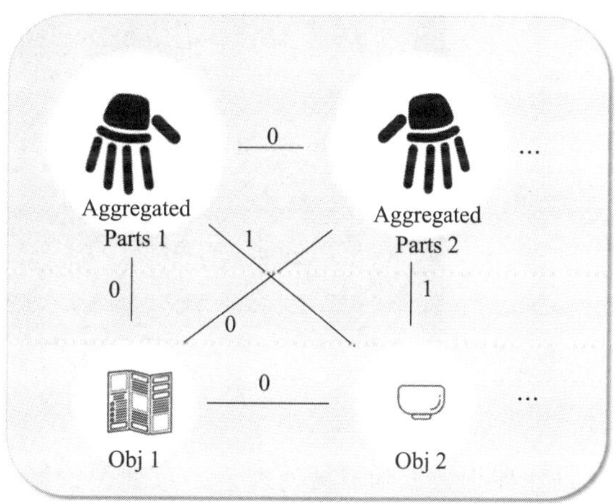

（b）聚合接触图

图 9.10　接触图的主要形式

接触图具有动态更新能力，这对于实时仿真和动作捕捉应用至关重要。在动作过程中，接触点可能随着时间和动作的变化而发生变化，接触图能够实时更新这些信息，确保动作的物理真实性和视觉连贯性。在互动图的基础上，接触图专门处理物理接触和碰撞问题，提供更精细的控制。例如，在体育比赛或战斗场景中，接触图可以极大地提升动作的真实感和反应的准确性。通过更具体的接触数据和优化的数据结构，接触图使得复杂交互场景中的动作模拟更为精确、高效。

9.3.4　具身数据收集

在人形具身智能系统中，逆向运动学的数据收集主要通过动作捕捉和人类演示进行。如图 9.11 所示，该过程从人类示范特定动作开始，示范者可能佩戴传感器或位于高精度的动作捕捉环境中。通过这些设备，能够精确记录示范者的关节和肢体运动，例如手部的移动、肘部的弯曲角度以及躯干的倾斜角度等。这些数据准确反映了人在执行特定任务（如拾取物体）时的动态特征。

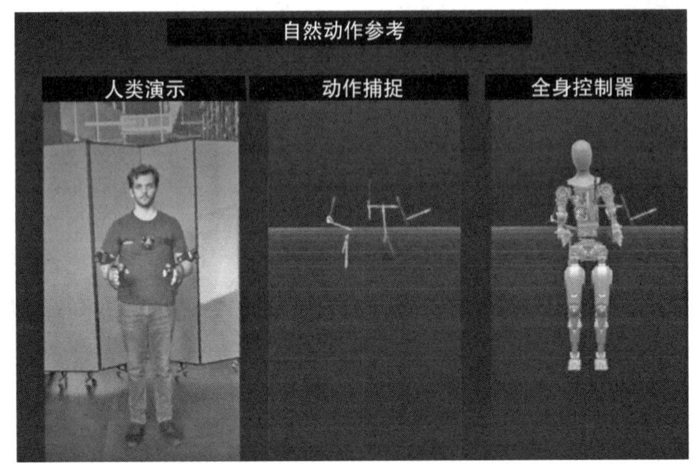

图 9.11 动作捕捉和人类演示[⊖]

动作捕捉数据随后被处理为一系列关键帧，每一关键帧记录了全身各关节在特定时间点的位置。这些关键帧描绘了动作的各个阶段，为机器人控制系统提供了详细的动作模板，使机器人能够模仿人类的动作并执行任务。

尽管动作捕捉提供的数据质量较高，但其实施成本也较高。在这种情况下，越来越多的视频数据被用于提取人体动作信息。例如，使用如 Mediapipe 等工具可以从视频中提取二维的关键点信息。然而，视频数据仅提供二维关键点信息，而动作捕捉则提供三维数据。由于二维关键点到三维空间的映射具有歧义性，从单一视角的二维数据推导出三维关节位置存在难度。

为了解决这一问题，需要引入对人体 3D 姿态的先验知识。例如，通过模拟人体关节的运动范围或使用类似于 SMPL 模型的统计模型，可以减少从二维关键点推导出三维动作时的歧义性，从而获得更准确的姿态和动作数据。这些三维数据对于训练预训练模型尤其重要，它们为模型提供了大量可供学习的动作示例，有助于提升模型的精度

⊖ 2022 年特斯拉人工智能日直播截图。

和对复杂动作的理解能力。结合动作捕捉与二维视频数据的优势，辅以统计模型和先验知识的使用，能够为机器人提供更加完整和准确的具身数据，这在机器人学习和动作模仿中起到了关键作用。

9.3.5　逆向运动迁移

在人形具身系统中，虽然逆向运动学利用收集的人类演示数据解决了从人类肢体终端的移动轨迹推导出人体关节的控制角度问题，但由于人形机器人与人体的物理结构并不完全相同，直接迁移人类的动作并不能保证人形机器人能够精确执行。因此，需要对基于人类演示数据的逆向运动学结果进行具身迁移，使其适应人形机器人的物理结构。

图 9.12 展示了将 SMPL 模型拟合到 H1 人形机器人上的过程。该过程旨在通过调整人类的运动数据，使其能够在人形机器人上得到精确执行，具体分为以下三个阶段：

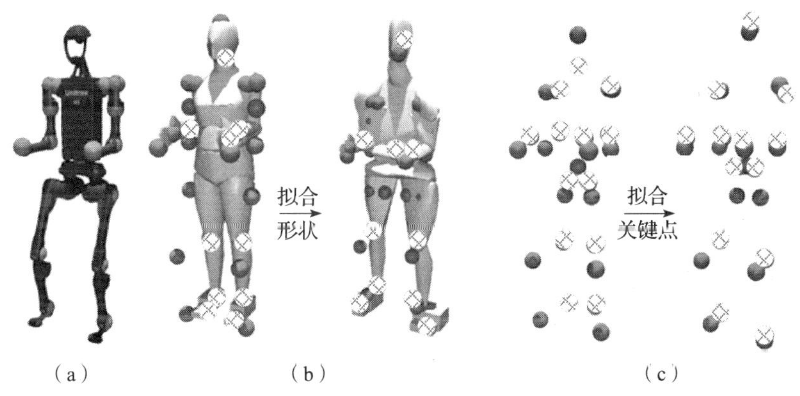

图 9.12　将 SMPL 模型拟合到 H1 人形机器人上的过程[一]

(1) 人形机器人关键点的可视化（黑点）

在这一阶段，黑色的点展示了 H1 人形机器人模型的关节点位置，包括头部、肩部、肘部、膝盖等关节。这些关键点代表机器人的主要活动关节，是后续的动作跟踪和仿人控制的基础。

[一] 图片来源：Learning human-to-humanoid real-time whole-body teleoperation，https://arxiv.org/abs/2403.04436。

（2）人形机器人关键点与 SMPL 关键点的对比（黑点和网格点）

该部分展示了 SMPL 模型与人形机器人的结构差异。黑点和网格点代表了 SMPL 模型的关键点，黑点代表人形机器人的关节点。由于人形机器人与人体在比例、结构和活动范围上不同，直接使用人体数据进行控制会导致不匹配。因此，需要调整 SMPL 模型的形状（如形状参数 β'）和关键点位置，使其更好地适配人形机器人。这一调整过程确保机器人从人类演示数据中学习到的运动能够正确映射到自身结构中，达到动作上的一致性。

（3）拟合前后的关节位置对比

最后一步展示了 12 个关节点位置在拟合前后的变化。这些关节位置（如肩膀、手肘、膝盖等）是实现机器人精确动作模仿的核心。在拟合过程中，通过优化算法（如梯度下降）来调整关节位置，使得它们既符合人形机器人的物理结构，又尽可能保留原始的人类动作轨迹。这一步是实现具身迁移的关键，它确保人形机器人能够执行与人体相似的运动，同时考虑到机器人的物理局限性。

具身迁移的过程不仅涉及关节位置的调整，还需要考虑机器人和人体在运动范围、关节自由度和力学特性方面的差异。通过这一拟合过程，人形机器人可以将通过模仿学习获得的人类动作数据转化为适合自身结构的运动控制指令。这样，人形机器人就能够在保持动作真实性的前提下，提升其在实际操作中的执行效率与稳定性。

9.3.6 轨迹优化

在实际应用中，预设的动作库虽然为机器人提供了丰富的运动模板，但现实世界的复杂性往往要求机器人能够对环境变化做出即时反应。例如，当物体的位置发生轻微偏移或环境中出现不可预见的障碍时，机器人需要进行实时调整，以确保任务能够顺利完成。为此，轨迹优化成为一种关键技术，通过实时调整机器人的动作轨迹，使其适应动态变化的环境。轨迹优化的过程如图 9.13 所示，可以概括为 4 个步骤。

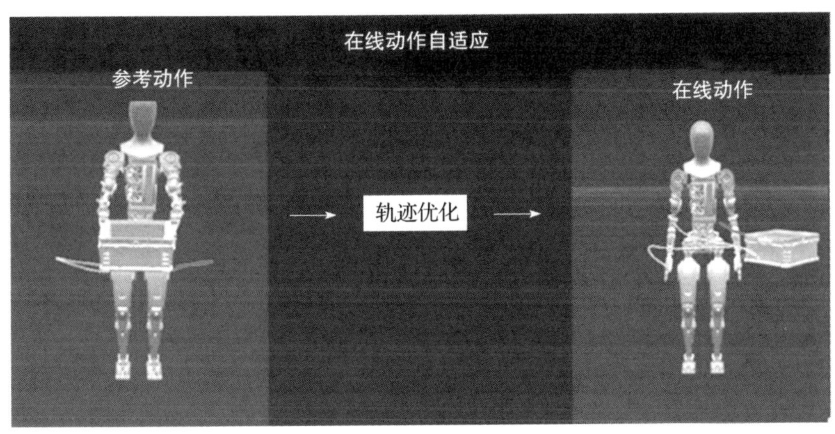

图 9.13　轨迹优化的过程

1）参考动作设定。基于预设的动作库或动作捕捉数据设定一个理想的参考轨迹，即机器人在理想条件下执行任务时应遵循的轨迹。图 9.13 左侧展示了这一参考轨迹，其中机器人按照预定轨迹执行动作。

2）环境感知与数据收集。机器人通过传感器系统实时收集当前环境的数据，包括物体的具体位置、障碍物的存在及其相对位置等。这些信息为轨迹优化提供了重要的输入。

3）轨迹优化与计算调整。在获取实时环境数据后，机器人通过轨迹优化算法分析当前的参考轨迹与环境之间的差异，计算出需要进行哪些必要的调整。优化算法的目标是生成一条新的运动路径，使机器人能够适应当前的环境条件并完成任务。此过程涉及调整机器人的姿态、速度和关节角度，确保机器人在动作过程中保持平衡与稳定。图 9.13 中部展示了这一优化过程。

4）实时执行与持续调整。经过轨迹优化后的动作被实时执行。与此同时，机器人继续监测环境的变化，并在必要时进一步调整轨迹，确保任务的顺利完成。图 9.13 右侧展示了经过优化后的动作轨迹，反映了机器人对环境变化的适应能力。

通过轨迹优化，机器人不仅能够执行复杂的预设动作，还能根据环境的动态变化实时调整自己的动作轨迹。这种能力显著提升了机器人的灵活性和适应性，使其在工业、服务和医疗等领域具有广泛的应用前景。这一技术的发展也为机器人在各种动态和不确定环境中执行任务提供了更为可靠的保障。

Chapter 10 第 10 章

仿真框架

在机器人系统的开发阶段，物理环境中的测试成本高昂，且存在损坏硬件的风险。相比之下，仿真环境为开发者提供了在虚拟世界中进行无限次测试的机会，而无须担心硬件损坏或其他费用。特别是在运动控制和强化学习领域，仿真环境得到了广泛应用。仿真环境为算法开发和科学测试提供了一个完全可控且一致的测试平台，所有变量均可精确控制和监测，这对于确保实验结果的可重复性至关重要。

物理测试通常受到环境和场景的限制，而仿真环境能够轻松生成多样且复杂的测试场景，从而帮助训练机器人应对现实世界中的不确定性和多样性。此外，仿真环境支持并行和快速的迭代测试，显著缩短开发周期，使开发者能够快速验证假设并优化策略。近年来，市面上已经涌现出多个专注于不同机器人应用的仿真框架。英伟达推出的 Isaac Sim 是一个统一的仿真平台[⊖]，本章将主要基于该平台进行讨论和介绍。

⊖ Orbit：A Unified Simulation Framework for Interactive Robot Learning Environments，https://arxiv.org/html/2301.04195v2。

10.1 仿真框架的组成

在机器人系统开发中，仿真平台已经成为不可或缺的工具。它不仅用于验证机器人的程序逻辑，还在机器人控制器的设计和优化中发挥重要作用。特别是基于深度学习的控制器设计，通常需要大量的训练数据，而这些数据在现实世界中难以获取。为了解决这一问题，仿真平台提供了一个精细的虚拟环境，通过模拟真实场景来生成大规模数据，满足深度学习模型的需求，如图 10.1 所示。

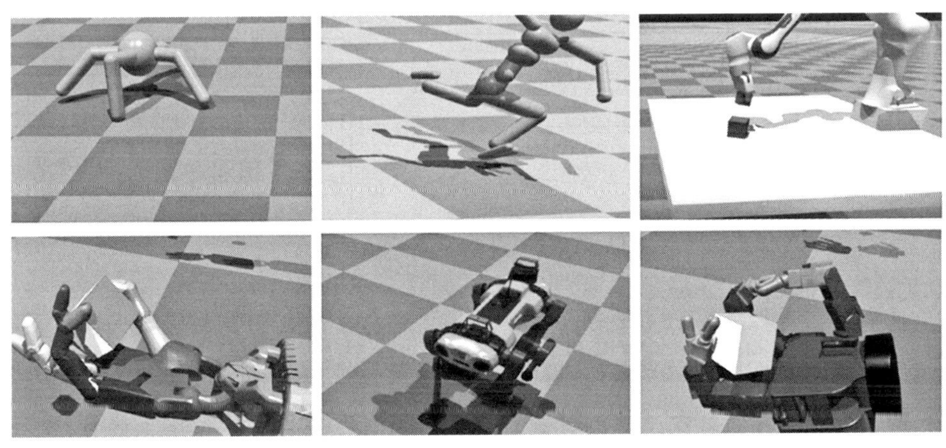

图 10.1 在多个场景中的仿真应用

仿真平台的应用不限于自动驾驶领域，还广泛应用于家庭服务机器人、工厂中的工业机械臂、实验室自动化设备等多个领域。在这些领域，仿真环境通过模拟多种复杂任务，如机器人运动控制、物体抓取与操控等，帮助开发者在不损坏实际设备的前提下进行测试和验证。通过仿真，开发人员可以精确地评估机器人的行为模式，确保其在真实环境中能够稳定运行。同时，仿真平台也为用户提供了一个交互平台，使其在实际部署前就能够了解机器人的性能和操作方式。

如图 10.2 所示，仿真平台的框架通常由“世界”和“代理”两个主要部分构成，这两个部分类似于现实世界与机器人运行的软件堆栈。

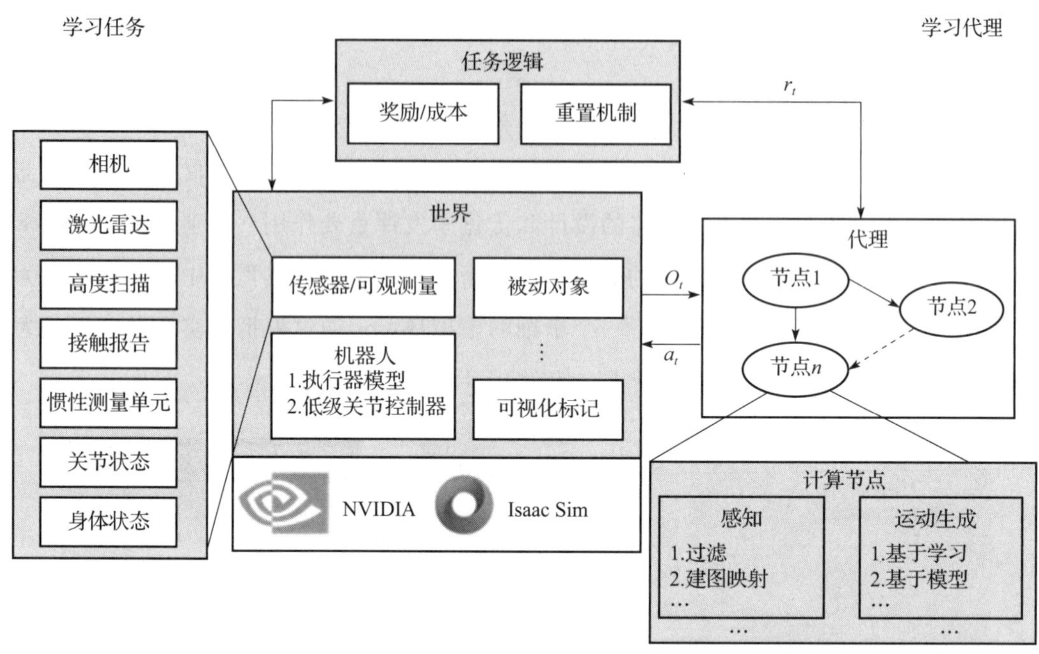

图 10.2 仿真平台的框架

仿真中的“世界”部分主要模拟现实环境，包含多种传感器、机器人模型及被动对象。传感器，如相机、激光雷达、高度扫描、接触报告和惯性测量单元（IMU）为机器人提供详细的环境数据，帮助其感知周围环境。在机器人模型中，执行器模型和低级关节控制器负责执行物理动作。被动对象（如环境中的障碍物）不参与交互，但对机器人行动路线有直接影响。可视化标记则用于为开发人员提供实时的视觉辅助，帮助监控仿真过程。

仿真平台不仅需要模拟机器人动力学和物理定律，还需要高效地解决机器人与环境的碰撞问题。这与游戏引擎中的需求类似，但为了确保实时性，游戏引擎常简化物体的物理和碰撞模型。而在机器人仿真中，尽管仿真速度允许比真实时间稍慢，但对物理精度的要求更加严格，任何错误的物理解算都可能导致模型失真。因此，机器人仿真器不仅需要准确的物理解算，还需要支持 IMU、相机、GPS 和激光雷达等多种传感器的高效模拟。这些传感器已广泛应用于无人机、工业机器人和服务型机器人中。

相机的仿真尤为复杂，因为它要求生成逼真的视觉场景，这是游戏行业追求了数十年的目标。在机器人仿真中，通常需要同时渲染多个相机视角，这对图像渲染的实时性提出了更高要求。为满足这一需求，仿真平台必须依赖 GPU 来高效渲染视觉场景，同时同步处理其他传感器数据和物理模型的解算。

“代理”由多个计算节点组成，这些节点通常采用 ROS 架构，通过感知、过滤、映射等功能模块进行决策，生成运动控制或学习模型的输出。计算节点之间以图结构的方式组织，分别处理感知输入与行动生成的任务。这种模块化设计通过 Python 同步，减少了传统客户端/服务器架构中的数据交换延迟。

学习任务模块定义了机器人需要完成的具体任务，例如导航、物体抓取或避障等。任务逻辑通过奖励机制和重置机制管理，确保机器人能够在同样的仿真环境中进行多次不同任务的学习与训练。任务定义不仅涉及物理世界的目标，还包括学习代理内部的不同节点，帮助机器人在多任务环境下进行定制化学习和适应。

图 10.2 中的箭头表示数据流或控制流的方向。例如，世界中的传感器输出环境观测值（O_t），动作输入（a_t）来自代理的计算，任务逻辑则根据这些输入和输出生成奖励信号（r_t），调整代理的决策逻辑。这种数据循环通过 NVIDIA 的 Isaac Sim 实现，利用 PhysX 物理引擎、MDL（材质描述语言）和 USD（通用场景描述）技术，确保仿真场景具备高度的物理精确性和视觉逼真性，创造出逼真的机器人学习环境。

10.2　仿真环境构建

10.2.1　交互方式

在仿真平台中，仿真环境可以通过多种方式设计，包括基于脚本的编程、扫描网格以及图形用户界面（GUI）等方法。这些方法可以单独使用，也可以结合使用，以充分发挥其各自的优势。基于脚本的编程是一种常见且强大的方法，允许开发者通过代码直接配置和控制复杂场景。这种方法的优势在于高度的可定制性和可重复性，开发者可以精确设置物体位置、环境参数等，同时复用代码片段以提高效率。扫描网格技术将真实世界中的物理空间通过 3D 扫描转换为数字模型，适用于需要高度真实感的仿真场景，如遗迹复原或灾难应对等。GUI 提供了一种直观的交互方式，用户可以通过图形界面快速构建世界，配置机器人和传感器，从而降低编程的复杂性。在实际应用中，这些方法往往组合使用，例如通过脚本生成标准化对象，通过 GUI 进行微调，并利用扫描网格导入真实世界的地形或对象，从而创建更加精确的仿真环境。

如图 10.3 所示，Isaac Sim 提供了多种交互方式，支持用户通过多种接口和工具来与仿真环境交互，包括 GUI、VS Code 扩展和独立应用程序以及 ROS、Jupyter Notebook。

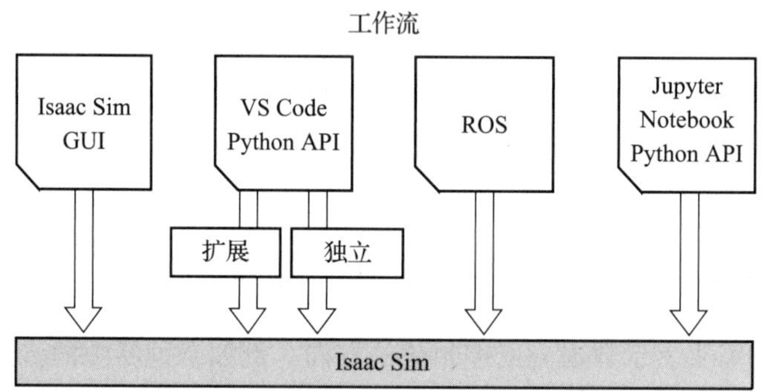

图 10.3　Isaac Sim 仿真环境的交互方式

GUI 交互是最直观的操作方式，用户可以通过可视化界面创建虚拟世界、组装机器人、配置传感器。此方式尤其适合快速原型设计和对仿真环境进行实时调整。

VS Code 扩展和独立应用程序为开发者提供了更灵活的工作流。用户可以通过 Python API 进行扩展开发，扩展功能允许在不中断仿真的情况下修改场景中的元素，如物理材质和传感器配置。通过 Python 脚本运行的独立应用程序则完全由代码控制，适合需要全权管理仿真步、渲染步和时间步的场景。

与 ROS 集成允许开发者将 ROS 的功能无缝引入仿真环境中，利用 ROS 的生态系统进行更高级别的控制和通信。

与 Jupyter Notebook 集成提供了交互式编程环境，用户可以在 Jupyter Notebook 中编写和运行 Python 代码，以动态调整仿真环境并实时测试。

通过这些多样化的接口，Isaac Sim 可以满足从简单的 GUI 操作到复杂的编程控制等多种需求，适用于不同的开发者和使用场景。这种高度灵活的架构使开发者能够根据具体需求选择合适的工作流，极大地提升了仿真开发的效率和扩展性。

10.2.2　环境描述

仿真环境的构成与现实世界类似，如图 10.4 所示，主要包括传感器、机器人模型和被动对象。Isaac Sim 支持多种环境描述文件格式，用于导入机器人或仿真环境的模型，确保高度的兼容性和灵活性。例如：ONSHAPE 是一个基于云的 3D CAD 平台，广泛应用于机械设计；URDF 用于描述机器人模型，并与 ROS 集成；MJCF 是 MuJoCo 的文件格式，用于高效模拟物理世界；USD 格式则由 Pixar 开发，用于描述复杂的 3D 场景。

图 10.4　Isaac Sim 的仓库仿真环境㊀

在仿真环境中，机器人作为主要的交互实体，由关节、执行器模型和低级关节控制器组成。为了简化不同机器人模型的引入，系统设计了统一接口，例如 Legged Robot 接口，该接口可以支持不同的同类机器人，如 ANYmal C 和 Unitree A1。这大大简化了开发人员使用仿真器设置新机器人并将其用于现有仿真环境的流程。机器人模型通常从 USD 文件中加载，并通过物理句柄管理仿真状态。执行器模型在引入真实执行器特性（如延迟、扭矩饱和等）方面至关重要，这有助于从仿真到现实的控制策略转换。关节控制器

㊀ 图片来源：https://developer.nvidia.com/blog/expedite-the-development-testing-and-training-of-ai-robots-with-isaac-sim/。

负责将期望的关节位置、速度或扭矩命令应用到仿真环境中，输入的命令先通过执行器模型处理，再传递给模拟器执行。目前，系统支持直接控制电机和串联弹性执行器的模型，用户也可以根据机器人的动力学特性自定义并集成其他执行器模型。

传感器在仿真环境中也扮演了重要角色，可能位于机器人内部或外部（如第三人称相机）。ORBIT 框架在 Isaac Sim 的基础上，统一了多种物理和渲染类型的传感器接口，包括范围传感器、力传感器、接触传感器以及 RGB、深度、法线等视觉传感器。这一统一接口简化了传感器的创建和配置，优化了运行时的资源管理。与 Isaac Sim 中推荐的 USD 实践不同，ORBIT 通过传感器管理系统仅为给定任务配置所需的传感器，避免了在并行场景中不必要的传感器更新，减少了仿真开销。每个传感器实例都有其独立的计时器，以控制数据采集频率，从而模拟不同频率的感测过程。在仿真时间步之间，传感器返回之前读取的值，以提高计算效率。

在仿真环境中，被动对象为物体。场景中可能存在多个物体，用户可以针对特定任务定义感兴趣的物体，并仅对这些物体设置和检索其属性和状态。系统还支持物体纹理、物理属性（如摩擦材料和关节参数）的随机化，以模拟不同的环境变化。类似于机器人模型，用户可以为物体增加主动运动组件的模型，例如模拟冰箱中的铰链关节，初始状态下由于磁性密封而僵硬，但一旦密封被破坏，关节便变得自由。这样的混合模型使得开发人员能够应对现实世界中物体动力学的变化，并在仿真中进行验证。

此外，仿真环境还包括可视化标记，开发者可以通过程序化的方式向仿真器的 GUI 中添加轴、球体、网格等原始形状。这些标记通常用于开发过程中的调试，例如显示目标状态或可视化不同的坐标框架。可视化标记与机器人和控制器接口相集成，能够实时显示脚部或末端执行器的姿态信息，便于开发人员对控制和行为进行有效监控。

10.3 代理

在仿真架构中，代理（Agent）是指具备决策能力的智能实体，它负责引导机器人系统的行为。代理通常由多个 ROS 节点组成，这些节点通过计算图进行互联与信息交换，使得整个系统能够高效地处理输入数据并生成相应的动作输出。ROS 的模块化设计和节点间的通信机制，为构建复杂的机器人应用提供了强大的支持，同时也简化了开发与维护的过程。代理的节点主要分为两类：基于感知的节点（Perception-based Node）和基于动作的节点（Action-based Node）。

（1）基于感知的节点

基于感知的节点主要处理从环境中收集到的原始数据，例如来自相机、激光雷达等传感器的数据。这些节点的核心功能如下。

1）数据转换：例如将从 RGB-D 摄像头收集到的图像数据转换为三维点云或截断符号距离场（TSDF）。这种数据转换对于机器人理解周围环境的空间结构和物体位置至关重要。

2）环境理解：通过对传感器数据的分析，这些节点帮助机器人识别并理解周围环境的特征，如障碍物、门、窗等关键元素。

3）支持决策：感知数据为更高级的决策过程提供信息支持，如路径规划、障碍物避让以及任务执行策略。

（2）基于动作的节点

基于动作的节点负责处理来自代理高级决策系统的指令，并将其转换为具体的动作命令，使机器人能够物理执行任务。这些节点的核心功能如下。

1）指令解析：将复杂的任务指令（例如抓取特定物体）解析为机器人能够执行的具体动作命令，如关节角度调整或速度控制。

2）动作执行：生成精确的控制信号，驱动机器人各关节和执行器，确保动作的准确性和效率。

3）反馈整合：在执行动作时，节点还需要处理来自传感器的反馈（如触觉反馈或位置反馈），以调整和优化执行过程，确保任务的顺利完成。

这两类节点的紧密协作使得机器人系统能够有效接收环境输入（通过感知节点），并根据这些信息作出响应，进而执行相应的动作（通过动作节点）。这种设计不仅提高了机器人的自主性和适应性，还提高了其在动态、复杂环境中执行任务的能力。

节点之间的信息流是同步进行的，主要通过 Python 语言实现。这种同步处理避免了异步系统中常见的服务与客户端之间的通信延迟问题，从而提升了系统的计算效率和响应速度。每个节点都配有独立的内部计时器，允许其以固定的更新频率运行。这一设计使得各节点能够根据自身的处理需求和优先级独立调整更新速率，从而优化系统整体性能和资源使用。

模块化设计是代理系统的一个显著优势。研究人员和开发者可以根据需求轻松添加、修改或替换任何节点，而不需要对整个系统进行大规模重构。这种设计不仅减少了代码的重复性，还大大降低了在不同实现间进行转换的工作量和复杂性，使系统的扩展性和可维护性显著提升。

10.4 分层任务规划

Isaac Sim 仿真平台通过模块化设计，为用户提供了灵活、高效的工具，用于设计和验证各种动作规划算法。在该框架中，任务逻辑模块负责评估代理的行为表现，通常通过定义奖励函数和完成标准来指导算法的学习过程。这些奖励函数根据代理行为对环境的影响进行计算，旨在激励代理采取目标导向的动作。此外，任务逻辑模块还负责实验的重置机制，确保每次实验能够恢复到初始状态，从而保证实验的独立性和结果的可重复性。

在动作规划方面，Isaac Sim 通过动作生成器将高层次的任务需求转化为底层的物理执行。动作生成器通过内置的基元级和伺服级库，显著简化了动作级规划的实现，使得开发者能够专注于更高层的任务设计，而无须过多关注低层次的控制细节。

对于复杂任务的规划，Isaac Sim 支持程序化分解策略，允许开发者使用状态机来分解子任务序列。状态机通过将任务划分为不同阶段（如接近目标物体、操作物体、执行转移任务等），确保任务执行的逻辑性和物理性。程序化分解策略不仅便于分离规划层次，还能用于复杂任务的专家演示收集，尤其适用于模仿学习等领域。

Isaac Sim 还支持交互式动作规划，用户可以通过 GUI 与仿真环境直接交互。用户可以选择要操作的对象，并由系统自动生成可能的抓取姿势和运动路径。RMP（反射动作规划）控制器负责根据用户选择来计算机器人的动作，确保抓取和执行过程的平滑性和准确性。用户通过确认抓取姿势并预览动作序列后，机器人便会执行相应动作。整个流程直观、简洁，即使用户没有深厚的编程或机器人操作经验，也可以轻松实现复杂的任务级规划。

图 10.5 展示了 Isaac Sim 框架中用户进行交互式动作规划的典型过程。用户通过 GUI 选择要操作的对象（例如砖块），系统自动生成可能的抓取姿势和路径。通过空间鼠标远程操作，用户可以调整机器人动作的细节，确保抓取操作的成功。在执行任务之前，系统会显示动作预览，允许用户查看即将执行的动作路径，确保任务准确且安全。一旦用户确认操作，RMP 控制器将负责执行任务。此外，Isaac Sim 允许通过状态机的设计实现任务级规划与动作级规划的分离，用户可以专注于高层次的任务规划或低层次的动作控制，实现模块化开发和扩展。

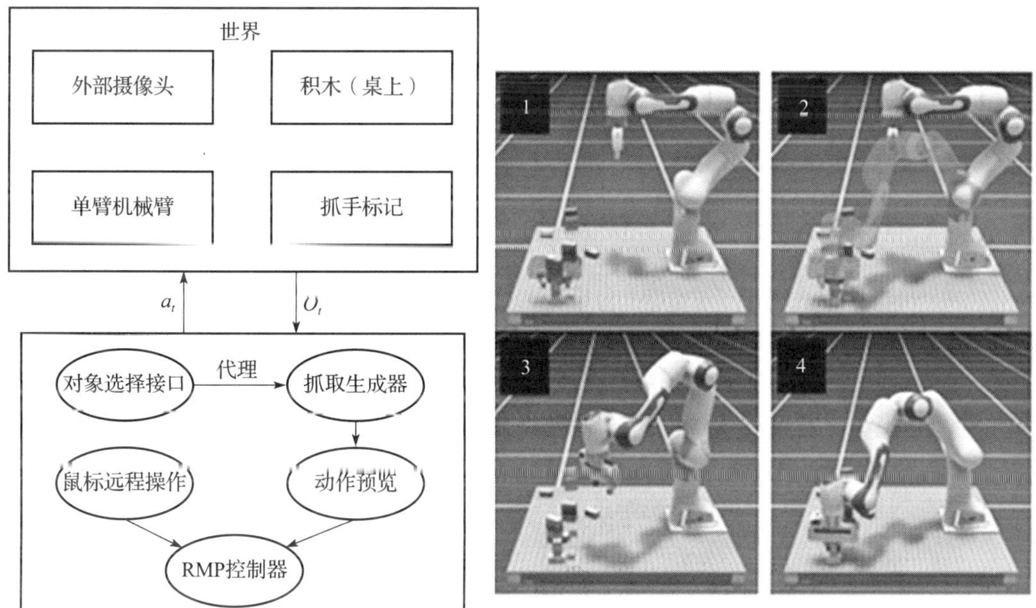

图 10.5　仿真环境中交互式动作规划的典型过程

10.5 运动生成器

运动生成器在机器人系统中扮演着将高层次的任务命令转化为低层次的控制指令的关键角色。这些控制指令可以直接作用于电机或执行器，使机器人能够执行精确的物理动作。其主要功能是确保机器人能够在复杂的物理环境中精确、稳定地执行指定的任务。

运动生成器将抽象的任务命令（如“移动到某位置”或“抓取某物体”）转化为具体的执行动作（如关节角度、速度、扭矩等）。这一过程涉及对机器人物理特性、动力学模型的精确计算，以确保执行器能够按预期准确工作。在物理环境中，机器人运动不仅要考虑自身的机械特性，还要应对外部环境的变化。因此，运动生成器需要实时调整控制命令，以应对动态环境或执行中的误差，确保动作的鲁棒性和适应性。

在 Isaac Sim 中，运动生成器包括多个控制算法库，确保机器人能够精确执行各种运动任务，具体包括：

1）逆向运动库。逆向运动学算法负责将末端执行器（如机械手）的目标位置和姿态转换为机器人各关节的角度。这一转换过程通过解算逆向运动方程完成。逆向运动学还可以使用 GPU 加速，以提高计算效率，实现机器人对复杂指令的实时响应。

2）操作空间控制（Operational Space Control，OSC）库。OSC 是一种高级运动控制策略，专注于在操作空间中控制执行器的动作，而不是直接控制关节角度。通过这种方法，OSC 允许机器人在执行任务时更灵活地控制位置、姿态和力矩等参数。OSC 依赖于动力学模型，通过计算转换矩阵和雅可比矩阵，将关节空间的控制信号映射到操作空间。该控制策略还结合了反馈机制，以实时修正执行误差，确保任务执行的精确性和鲁棒性。

3）关节级控制库。关节级控制器直接负责控制机器人的每个关节，以执行上层规划器（如 IK 或 OSC）生成的指令。关节控制器通常使用 PID 控制器或其他反馈机制，以确保关节动作的平滑性和精度。它们对执行时间和响应的要求极高，以维持整体动作的协调性。

4）基于模型的规划器（Model-based Planner）。Isaac Sim 中还提供了如 RMPFlow 等模型规划器，特别适用于固定臂操纵器。这些规划器利用机器人和任务的动力学模型，生成优化的动作序列。对于全身移动的操纵器，Isaac Sim 还集成了 OCS2 等控制器，能够处理更复杂的移动和操作任务。

5）腿部机器人运动策略。Isaac Sim 中还包含了针对腿部机器人的预训练运动策略，用于在复杂地形上行走或进行路径规划。这些策略通过对机器人的速度命令进行动态优化，确保其在不平坦地形上的行走能力和平衡性。

运动生成器的设计不仅关注于基元级控制（如具体的动作执行），还涉及伺服级控制（如关节的精确调节）。基元级控制处理的是如何将高层次的任务命令（如抓取物体）转化为具体的动作序列（如机械臂移动路径）。通过 OSC 和 IK 等算法，机器人可以根据动力学模型和环境信息计算出完成任务所需的具体参数（如关节角度、速度）。伺服级控制则处理动作执行的精确性，确保机器人严格按照预定的路径和目标执行任务。这一层次的控制通常使用 PID 控制器等反馈机制来调节机器人关节的扭矩、速度和位置，确保动作的平滑与精确。

通过集成这些高级运动生成器，Isaac Sim 框架和 ORBIT 框架大大简化了用户界面和开发流程。用户无须深入了解复杂的动力学模型或编写底层代码，只需通过高级命令指定机器人应执行的任务。使用高级控制算法如 OSC 和 IK，可以快速计算出最优的运动路径，显著减少了计算时间和资源消耗。同时，通过动态适应机制，机器人能够实时调整动作，以应对环境变化或误差，提高任务的成功率和操作安全性。

10.6 强化学习支持

强化学习在机器人控制中被广泛应用，从基本的运动控制到复杂的交互式任务实现。Isaac Sim 为强化学习在机器人系统中的应用提供了强大的支持，涵盖算法封装、并行环境构建以及部署支持等多个方面。

10.6.1 框架封装

在数据存储与处理方面，Isaac Sim 采用张量格式来存储环境数据，如状态、动作和奖励。这一数据结构是现代机器学习框架的标准形式，确保了数据处理的高效性，并能够与强化学习算法无缝集成。

为了提高与各种强化学习算法库的兼容性，Isaac Sim 提供了多个封装接口，并支持主流框架如 rlgames、RSL-rl 和 stable-baselines-3 等。这些封装通过定义统一的 API 来实现。API 规范了与环境的交互方式，例如如何获取状态、执行动作、重置环境等，同时避免暴露底层环境的具体实现细节。这样，强化学习算法只需遵循 API 进行编程，无须关心仿真平台的具体实现。

封装还确保了状态和动作数据格式的标准化，使其能够在不同算法和框架之间正确传递和处理。通过这种封装，Isaac Sim 使得底层仿真环境对上层强化学习框架透明化，开发者可以使用同一接口和方法将不同的强化学习算法应用到相同的任务或环境中。例如，开发者可以使用兼容 OpenAI Gym 接口的 stable-baselines 或 RSL-rl 框架来测试和评估策略，而无须担心底层仿真平台的差异。

这种封装设计极大提高了实验结果的可复制性和一致性，使研究人员能够在不同环境和框架之间轻松共享实验设置。通过标准化的接口和封装，Isaac Sim 还确保了强化学习算法在不同工具和语言环境中的移植性，开发者能够在一个灵活且高效的生态系统中探索和优化他们的机器人控制策略，而不受特定平台的约束。

10.6.2 并行仿真环境

在传统的机器人深度强化学习（DRL）流程中，仿真数据的采集和处理通常分为以下几个步骤：首先，CPU 通过多线程并行进行数据采样和仿真；然后，这些数据被传输至 GPU（或 CPU），用于训练策略网络；最后，训练完成后，策略网络的输出用于控制机器人行为。如图 10.6 所示，在整个过程中，主要的时间消耗集中在以下三个方面。

- 数据采样时间：CPU 负责采样，模拟物理环境并生成观测值。

- 数据传输时间：将采集到的数据从 CPU 传输到 GPU 进行处理。
- 网络训练时间：GPU 主要负责深度神经网络的前向传播和反向传播。

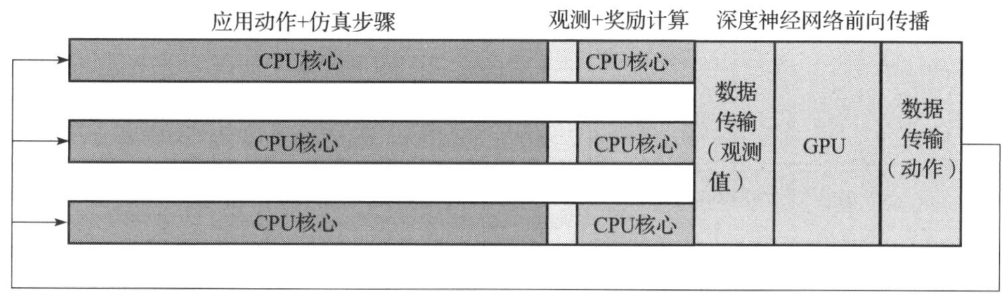

图 10.6　传统的 DRL 流程

因此，在传统的 DRL 流程中，时间消耗大部分集中在仿真步骤和奖励计算阶段，这些操作通常在 CPU 上执行，而 GPU 仅在神经网络训练阶段介入，所需时间较短。由于数据采样是最为耗时的步骤，为了提高采样效率，通常会在多线程的 CPU 上并行创建多个仿真环境来同时进行数据采样。例如，使用 10 个并行环境可以将采样速度提高 10 倍，这种方法有效缓解了数据采样的瓶颈问题，但依然面临 CPU 和 GPU 之间数据传输的延迟问题。

为解决上述问题，Isaac Sim 通过全新的并行仿真设计，显著提升了强化学习中的采样效率和训练速度。与传统方法不同，Isaac Sim 将整个强化学习训练流程完全迁移至 GPU 中进行，从物理仿真到神经网络推理的所有操作都在 GPU 上完成，极大地减少了 CPU 和 GPU 之间的数据传输延迟。如图 10.7 所示，该架构的主要工作流程如下：

1）应用动作与仿真步骤。在 Isaac Sim 中，仿真步骤的执行由 GPU 完成，动作由神经网络输出并立即应用于仿真。由于所有物理仿真计算均在 GPU 上进行，能够充分利用 GPU 的并行计算能力，加速仿真过程，避免了传统方法中依赖 CPU 的时间瓶颈。

2）观测与奖励计算。仿真完成后，GPU 直接计算环境的观测值和奖励。这种在 GPU 上完成的计算消除了不同硬件之间的数据传输需求，进一步加快了训练速度。

3）深度神经网络前向传播。深度神经网络通过 GPU 处理前向传播，并生成新的动作指令。GPU 在这一阶段的高并行计算能力显著提升了神经网络的训练和推理速度。

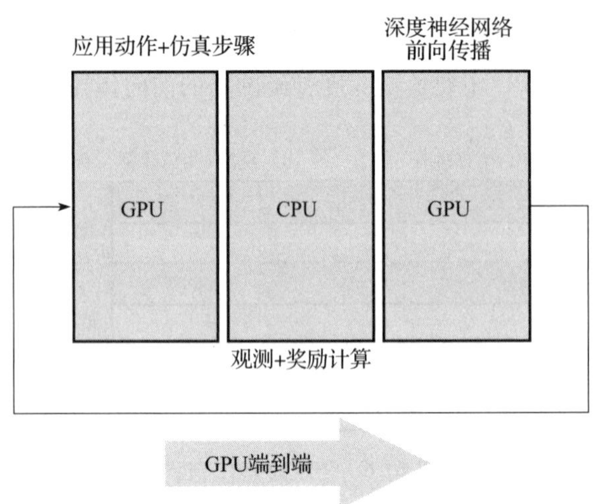

图 10.7　Isaac Sim 的并行仿真设计

通过这一完整的 GPU 端到端架构，Isaac Sim 在大规模并行仿真和训练任务中表现出极高的效率，特别是在数据采样不再成为主要瓶颈的情况下，整个训练过程能够快速迭代。基于 Isaac Sim 的并行仿真架构，开发者在设计强化学习任务时，应将计算密集型操作尽可能分配至计算流水线的左侧，并充分利用 GPU 处理复杂的物理仿真和神经网络推理任务。对于需要频繁内存访问的任务或那些无法高效在 GPU 上执行的操作，可以考虑在流水线的中部使用 CPU 进行计算。此外，传出仿真环境的数据应尽量保存在连续的 GPU 内存中，以张量格式直接传递至 GPU 上的深度神经网络或经验回放缓冲区（Replay Buffer），最大化数据传输的效率。

随着采样效率的提高，强化学习算法的选择和超参数设置的重要性有所下降。开发者可以更专注于算法的实际应用场景，而不需要过于关注样本的利用效率，从而更灵活地采用如 PPO 等常用的工业算法。此外，超参数设置可以更加激进，以追求更快的训练速度，而不必过度担心稳定性问题。经验回放缓冲区也应根据这种并行仿真环境的多维数据结构进行优化，以充分发挥并行计算的优势，从而进一步提升强化学习系统的训练效率。

10.6.3　从仿真到现实

在强化学习领域，从仿真到现实的迁移问题指的是仿真环境中训练得到的策略在实际机器人系统中的应用表现往往较差，难以直接迁移。这是由于仿真环境无法完全精确地再现现实中的复杂物理现象和不确定性。为了缩小仿真与现实之间的差距，需要采用高保真、基于物理的仿真器，并结合特定的迁移策略。

域随机化（Domain Randomization）是一种常用的迁移方法，它通过在每个任务周期中随机化物理参数（如质量、阻尼、摩擦系数等）来增强策略的鲁棒性。这种方法能够提高策略对未知环境的适应性，使其在现实世界中的表现更为稳定。通过在仿真中引入随机化参数，策略可以在多种环境条件下学习应对复杂的任务。

建立高保真仿真环境也是至关重要的一步。环境中需要尽可能准确地反映真实物理系统的初始状态、物体属性、运动学约束等细节。通过使用多线程的通信机制（如 ROS 或 Python），可以确保仿真与现实系统在指令传递和行为表现上的一致性。具体来说，仿真参数（如通信间隔、刚性、阻尼、速度等）都需要精心调整，以匹配真实系统的行为。

数字孪生（Digital Twin）技术是另一个重要的工具。它通过创建与真实设备完全一致的数字复制品，来模拟机器人在不同操作条件下的表现。这种方法不仅有助于优化策略，还可以在仿真中测试机器人对极端环境或异常条件的反应，进一步提高策略的现实适应性。

为了解决复杂的从仿真到现实的迁移问题，还可以采用一些高级强化学习方法，如特权学习（Privileged Learning）、非对称演员-评论家算法（Asymmetric Actor-Critic Algorithm）和快速运动适应（Rapid Motor Adaptation，RMA）。这些方法通过增加额外的状态信息或优化学习过程，能够显著提升策略的现实迁移性能。例如，Isaac Sim 中提供的封装库可以帮助开发者加速这些高级算法的部署与调试。

Isaac Sim 框架通过引入随机化参数和大规模并行仿真来支持强化学习策略的从仿真到现实的迁移。迁移的实现主要包括以下步骤：

1）仿真环境的设置。在 Isaac Sim 中构建机器人模型和环境，并调整物理参数，使其尽可能接近现实。

2）随机化参数的引入。在训练过程中，通过随机化物理参数（如质量、关节速度、外部干扰等），生成多样化的训练数据。

3）神经网络的训练。利用深度神经网络处理观测值并输出控制动作，形成机器人策略。

4）策略执行与反馈循环。将动作应用于仿真环境，影响机器人状态，完成策略的循环训练。

如图 10.8 所示，Spot 机器人在平坦地形上执行行走任务时，采用域随机化技术来增强策略的泛化能力。可以随机化的参数包括质量、刚体属性、关节速度、外力等，这些随机化操作提高了策略应对不同物理条件的能力。在训练过程中，策略由一个三层的多层感知器（MLP）构建，并通过专为 GPU 优化的近端策略优化算法（PPO）进行训练，确保策略的训练效率和有效性。

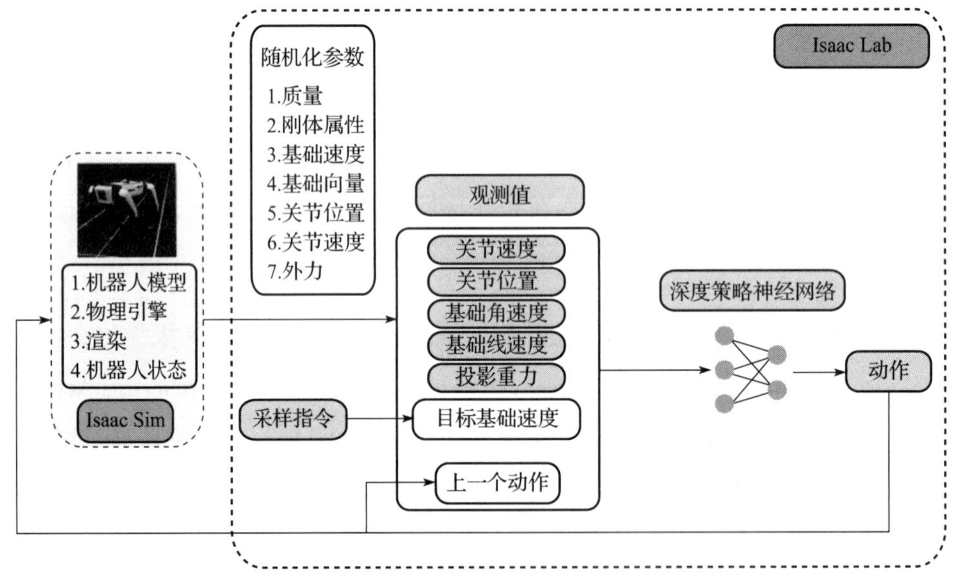

图 10.8 Spot 机器人的从仿真到现实的迁移[㊀]

如图 10.9 所示，Isaac Sim 支持在单一物理世界中复制多个并行的仿真环境，利用 GPU 的强大并行计算能力同时模拟数百个子任务环境，从而快速筛选和优化控制策略。

㊀ 图片来源：https://developer.nvidia.com/blog/closing-the-sim-to-real-gap-training-spot-quadruped-locomotion-with-nvidia-isaac-lab/。

训练完成后，当策略表现良好时，可以将其部署到实际机器人上。为提高边缘设备上的推理效率，训练得到的策略可以先转换为 ONNX 格式，并结合模型量化、蒸馏等技术进行优化。这种优化方法不仅缩短了模型推理时间，还增强了策略的实时性，使其更适合实际操作。

图 10.9　并行仿真

在实际部署过程中，如果通过上位机控制机器人任务，可以利用 ROS 或 Python 实现多线程通信，通过构建专门的节点来接收观测数据并发送控制指令。Isaac Sim 对 ROS 的支持进一步简化了仿真与现实系统之间的对接，使从仿真到现实的迁移更加顺畅。

10.7　模仿学习和远程操作

强化学习在训练机器或智能体掌握某些基础能力方面非常有效，特别是当这些能力可以通过清晰定义的目标和奖励机制来描述时。例如，从点 A 移动到点 B 的任务，可以通过最小化所用时间、能耗和确保安全性来明确量化。这些“反射弧能力”通常涉及对物理环境的理解和基本操作，其中环境相对稳定，任务目标明确，强化学习能够通过大量的试错来找到最优解。然而，强化学习在处理具体、场景化的复杂任务时往往需要更长的学习时间和更多的计算资源，因为它需要探索大量可能的行动路径和策略。

模仿学习的核心在于直接从人类专家的行为中学习，通过复制或者学习人类的决策过程来快速掌握特定的技能或任务。这种方法特别适用于那些难以通过简单的奖励结构来描述的复杂任务，因为它可以直接利用人类的专业知识和经验，绕过了设计复杂的奖励函数和长时间的试错学习过程。

通过远程操作，操作者可以直接控制机器人执行任务，这不仅可以用于实际的操作任务，还可以用于生成训练数据、训练模仿学习模型或为强化学习提供有效奖励的轨迹。ORBIT 提供了一个功能强大的数据收集接口，它允许使用各种设备（如键盘、鼠标、触控板、专业的机器人操作设备等）进行交互，使操作者能够以最自然的方式控制仿真中的机器人。ORBIT 还提供了高度可定制的环境互动，用户可以调整仿真环境的各种参数，如对象的位置、环境条件等，以模拟不同的操作场景。

ORBIT 可以记录详细的操作数据，包括状态数据、动作数据、奖励数据、视频和图像数据、元数据等。其中，状态数据记录任务执行过程中的各种状态信息，如机器人的关节角度、位置、速度等。动作数据记录操作者或算法对机器人的控制命令，如关节的扭矩或位置指令。奖励数据如果采用强化学习，会记录每一步的奖励信息。视频和图像数据在视觉模仿学习中可能还会包括从机器人或第三人称视角捕捉的视频和图像序列。元数据提供任务描述、环境设置和任何其他对理解和复现实验结果有用的信息。

这些数据对于开发和优化机器人的学习算法至关重要。通过实时的视觉和数据反馈，用户可以即时看到他们的操作如何影响仿真环境和机器人的行为，从而进行必要的调整。ORBIT 支持按照 Robomimic [1] 所需的数据格式存储演示数据。这种标准化的数据格式方便了后续的数据处理和模型训练，使得 ORBIT 可以无缝对接多种机器学习和模仿学习框架。

---

[1] Robomimic 是一个模仿学习框架，它提供了一套工具和接口来训练和评估模仿学习模型。这个框架特别强调使用一种标准化的数据格式，以便各种算法能够有效地利用同一数据集进行训练和测试。

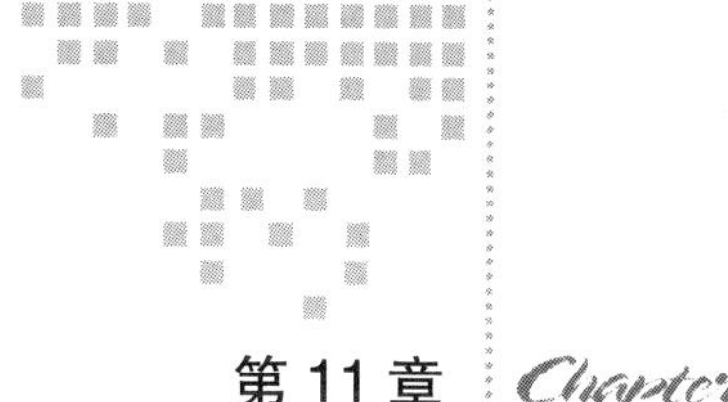

第 11 章 Chapter 11

具身智能的未来

具身智能正伴随着大模型技术的进步而加速发展。人形机器人所引发的热潮，不仅吸引了全球资本的关注，也为智能机器人的未来带来了无限可能。然而，真正推动具身智能走向普及的，不只是形态的模仿，更是智能化程度的不断提升。尽管当前的技术还无法完全满足人类多样化的需求，但随着算法、硬件、伺服控制与感知技术的不断突破，机器人正逐步渗透到服务业、教育、科研等多个领域，为我们勾勒出一幅高度自动化和智能化的未来蓝图。本章将探讨人形机器人在技术、经济和应用层面的价值，并展望具身智能的实际落地场景，为智能机器人产业的未来发展方向提供思路。

11.1 具身智能机器人：短暂泡沫还是未来趋势

11.1.1 人形具身热潮

具身智能的发展与大模型的进步密切相关。在传统工业机器人初期部署时，由于智能化水平不高，企业需要投入大量工程师资源进行任务编程和产线改造，以适应具体的应用场景。因此，客户在购买这些机器人后，往往缺乏直接部署和使用的能力。这种情况导致了一种商业模式，即企业不仅需要购买硬件，还需要配套完整的解决方案，而不能实现即买即用。此外，由于传统机器人供应商在业务扩展时需不断增加人力资源投入，单位边际成本相对固定，难以快速实现规模效应。

随着大模型的出现，结合大模型技术的具身智能在对话理解、视觉图像以及其他感知信号的处理能力上取得了显著进步，仿佛赋予了机器人“大脑”。除了大模型的贡献之外，其他技术要素，如伺服电机、电池和强化学习技术，也在近年来沿自身路径共同推动了具身智能的发展。

自特斯拉于2022年宣布其人形机器人计划以来，这一领域便吸引了全球创业者及风险投资机构的广泛关注。投资者对人形机器人的期望主要集中在两个方面：首先，随着智能化水平的提升，人形机器人能够接收并自主完成任务指令，无须像传统工业机器人那样依赖工程师进行任务规划和轨迹编程，这极大简化了操作过程，使得机器人产品更为精简，并将大幅降低B端和C端用户的使用门槛，使得机器人产品如同其他电子产品一样，可以即买即用。

其次，从经济和应用层面来看，由于物理世界中的多数工作环境、设施及工具均依照人类体形设计，因此设计成人类体形的机器人具有更广泛的适用性和更高的通用性，能够快速适应多种工作场景。此外，研发基于人形机器人的通用人工智能（AGI）时，可利用大量现有的人类活动视频数据进行训练，这不仅可提高数据的获取效率，也有助于提升模型训练的效率和效果。

11.1.2 智能化与人形具身

尽管近年来全球对人形具身的投资热潮持续上升，但回顾机器人的发展过程，人们对智能化的需求远超过人形化。换言之，智能控制的重要性大于纯粹的运动能力。过去十余年，人形机器人的进步主要体现在其控制维度和能力的持续升级上。

以日本的早期机器人ASIMO为例，该机器人主要采用位置控制，尚未具备力矩控制功能，因而其行走步伐较小，主要在平坦的地面上进行试探性移动。波士顿动力是最早采用力矩反馈进行局部运动控制的团队之一。在电机技术尚未成熟之时，他们使用液压系统开发了Atlas系列人形机器人。如图11.1所示，Atlas系列在液压技术的支持下，其运动能力已可媲美人类体操运动员，但其运动规划多为预编程或遥控方式，智能化程度有限。

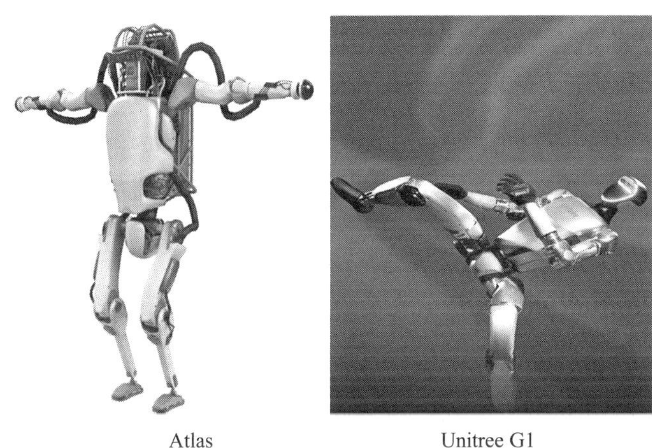

Atlas　　Unitree G1

图 11.1　Atlas 与 Unitree G1 人形机器人

2024 年，国内众多企业纷纷发布新一代人形机器人（图 11.1 右侧的 Unitree G1），其运动控制能力从硬件上得益于角编码传感器和伺服电机的技术进步以及新能源的应用，软件方面则依赖于强化学习和仿真框架的发展，特别是在并行采样速度上的优化。这些技术的结合使得基于学习的控制方法能够达到接近波士顿基于模型的控制精度。然而，尽管硬件和控制技术的突破为人形机器人的发展奠定了基础，但并没有直接解决其中的主要痛点，即如何实现更高级的任务自主性和智能决策能力。

实际上，人形机器人在控制算法和硬件成本方面的投入，特别是关节电机的成本，主要用于实现下肢的行走和保持平衡。然而，从投入产出比来看，这种对双足行走的重视并不经济。在规范的场地如工厂和家庭中，轮式机器人已能满足 90%的需求。对于剩余的 10%，开发基于足式的机器人似乎得不偿失。移动功能的本质是提供机器人的位移能力，而操作功能若不能良好执行，单纯的移动能力难以满足实际需求。

即便在需要足式机器人的特殊环境中，如野外巡检，四足行走算法在稳定性和泛用性方面也远超双足行走算法。在这些几乎不需要复杂操作的场合，双足机器人的必要性并不显著。在操作任务方面，双臂加双指的配置已能覆盖大多数任务，目前尚未见到仿人手所独有的重要和关键任务。这一点从 Aloha 系列机器人可以看出，其双臂双指系统的潜力尚未被充分开发。

另外，尽管人形机器人的手部具有较高的自由度，如同人类的手指和脚趾，但这并不直接转化为操作上的灵巧性。例如，脚趾具有两个关节和五个指头，拥有超过 10 个自由度，但除非经过特殊训练，其灵活度依然有限。从商业角度看，为了满足少数场景的需求而投入巨大成本，显然缺乏经济性，尤其是在前 90%的需求可以通过更经济的方式满足时。

以工业环境为例，传统的自动引导车（AGV）技术已经非常成熟，通过结合两个低自由度的夹持机械臂，可以实现自动化的抓取和分拣操作。然而，当前亟需解决的问题是如何通过大模型等技术提升这些系统的智能化水平，以实现更高的通用性。例如，系统应能够在不同的工厂环境中进行金属零件的上下料操作，并适应各种物流场景以处理快递包裹的抓取任务。这些能力代表了工业场景中对通用智能的核心需求，这种需求远远超出了仅凭仿人形态所能带来的人体工程学优势。

11.2 行业渗透预测

11.2.1 成熟度曲线

Gartner 公司提出的技术成熟度曲线（Hype Cycle）是一种用于预测特定技术的市场采纳和应用成熟度趋势的图形工具。该曲线包含若干关键阶段，包括创新触发点、期望膨胀峰、失望谷、启蒙斜坡和生产力平台，如图 11.2 所示。根据 Gartner 2024 年的人工智能技术成熟度曲线，具身智能目前正处于“创新触发点”阶段的末期，并逐渐过渡到“期望膨胀峰”阶段。这一阶段表明，具身智能正在获得更广泛的关注，并可能在未来几年内迅速发展。而智能机器人已经位于“期望膨胀峰”阶段，由于目前获得了极大的市场关注，预期值相当高。然而，随着技术的普及和实际应用的深入，智能机器人可能很快会进入“失望谷”阶段，面对一系列现实的技术限制和挑战。

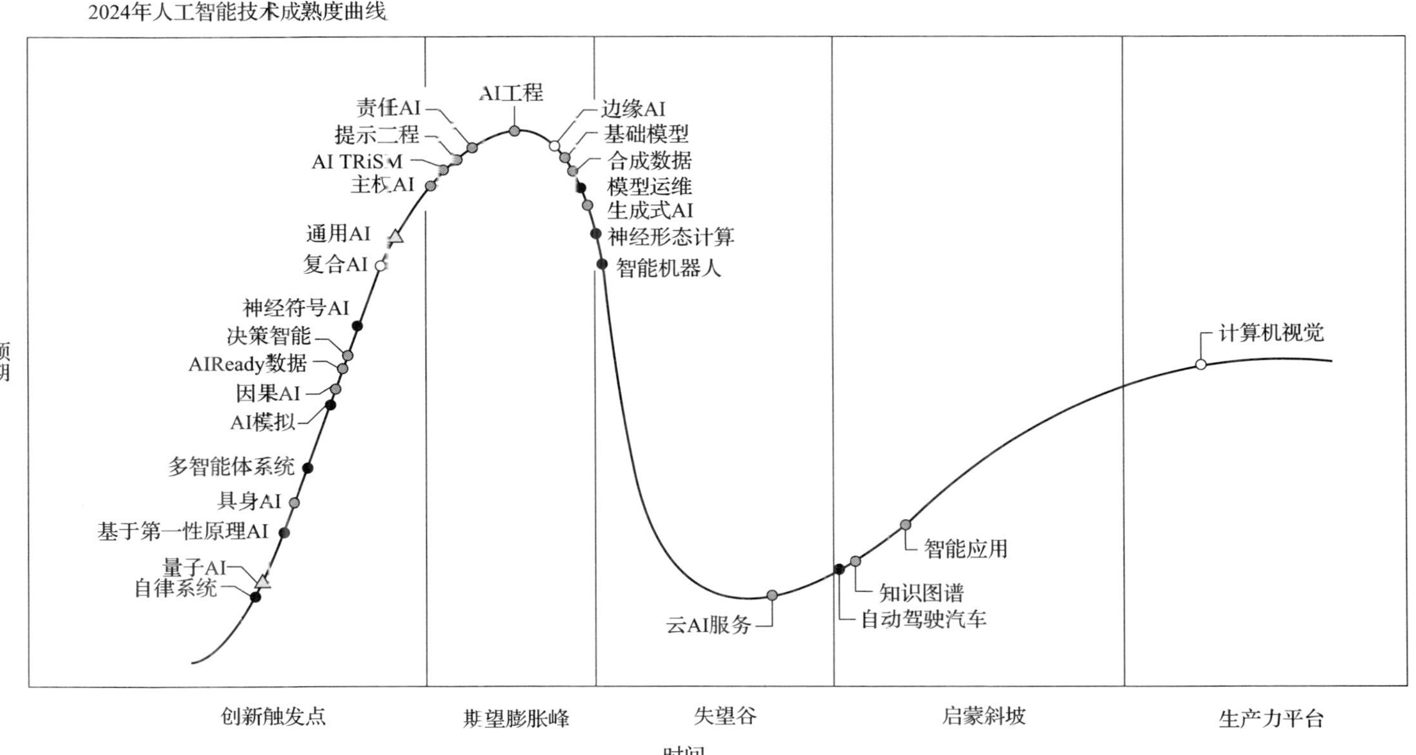

图 11.2 人工智能技术成熟度曲线[一]

㊀ 图片来源：https://www.jaggaer.com/download/analyst-report/gartner-hype-cycle-for-artificial-intelligence-2024。

此外，该曲线还揭示了大模型与机器人技术结合的当前发展阶段及其趋势。在智能机器人领域，注重机器运动能力的技术正在获得市场验证和实际应用。与此同时，侧重于大模型集成的具身智能仍处于初创阶段。尽管中美两国均显示出对人形具身技术的高度兴趣，但存在明显的区别：美国在具身智能方面的研究更加深入，其人形运动控制技术在 Atlas 系列产品中并没有通过“失望谷”阶段的应用与市场化考验，这一点从其多次被更换东家可以看出。相比之下，中国正在通过采用新的软硬件技术，以较低成本实现人形具身运动控制能力，并可能很快进入商业验证的“失望谷”阶段。

11.2.2 行业成熟度

Gartner 2024 年人工智能技术成熟度曲线对具身智能（尤其是人形具身智能）在行业中的渗透提供了清晰的预测。根据该曲线，具身智能目前正处于较早的发展阶段，预计在未来 2~5 年内将成为科研投入的重点领域之一。由于具身智能的发展需要依托硬件平台，因此它在科研场景中的渗透速度较快，首先得到应用。具身智能的智能化水平依赖于大模型技术的发展，这意味着只有当大模型技术达到强人工智能阶段时，才有可能实现真正的通用具身智能。

因此，目前可以明确的是，科研领域的研究热点集中在具身智能的某个子领域的通用化，而非全面的通用具身智能。在这一背景下，科研机构更倾向于选择那些在性价比和高性能运动控制（包括基元级和伺服级规划）方面表现优异的硬件平台，以便专注于子领域的算法研究。在这一领域中，中国的企业展现出强劲的竞争力。特别是宇树科技，其推出的 G1 具身机器人具有良好的运动能力，但其发售定价仅为人民币 9.9 万元起，这在科研市场中具有明显的性价比优势。

具身机器人可以作为教学辅助工具，为编程教育和机器人技术教学提供支持，激发学生的科学兴趣和创新能力。同时，它还可以作为机器宠物，主打情感陪护功能。对于人形具身机器人而言，它还可以在科技馆、博物馆等场所担任解说员或讲解员的角色，例如以历史人物的具身形态呈现，提供沉浸式的教育体验和智能化的游览服务。这种应用主要依托现有多模态大模型的能力，对运动规划和运动控制的精度要求较低，因此在技术成熟度和商业模式方面都具备快速验证的可能性。

在家务和商用服务领域，具身智能主要用于家庭、商铺、企业和酒店等场所的清洁、杂物管理和场地布置等任务。同时，随着全球老龄化的加剧，具身智能在这些场景中的应用潜力进一步增加。然而，现阶段的具身智能在任务规划能力上仍然存在明显不足，尚不能够满足多样化家庭和商业环境的复杂需求。但是，近年来具身智能在动作能力方面取得了显著提升，能够执行一定的精细化操作。因此，具身智能有望部分实现自主任务规划能力，增强其在不同环境中的适应性。同时，为了应对这些智能体在特定任务处理、危险区域识别和系统崩溃等方面可能面临的挑战，可以保留远程控制的选项。这种远程监控和干预机制将确保在具身智能无法自行处理复杂或突发情况时，能够及时采取应对措施，确保操作的安全性和有效性。

人形机器人在工业制造领域（如汽车制造场景）的应用仍面临挑战。现有技术的成熟度尚不足以支持其在此类高精度和高节奏的生产环境中广泛应用。在工业车间中，传统工业机器人已经高度渗透，其优势在于操作速度快和高精度。例如，在自动化生产线上，传统工业机器人能够在2s内完成一项任务，且精度误差可以控制在0.1ms以内。相比之下，当前的人形机器人在高精度和高速度要求的岗位上表现不佳，更适合于那些精度要求较低、节奏较慢、难度相对较低的长尾应用场景。然而，人形机器人可以通过远程遥控在一些特定环境中（如危险场所）替代人类进行操作，发挥其优势。因此，在大模型等技术不足以完全支持机器人自主规划之前，一个更常见的形态，即混合自主决策与远程遥控的方式逐渐向服务业与特定工业场景渗透。

特斯拉选择以汽车工业场景作为人形具身的切入点，其瞄准的是一个长期的战略布局，目标是实现更加通用的具身智能。特斯拉基于其FSD（完全自动驾驶）算法和自有的汽车制造产业链，结合先进的算法和具体的应用场景，力图在未来5~10年内，通过不断提升具身智能的任务和动作规划能力，推动人形机器人在工业制造中的广泛应用。这个长期目标反映了特斯拉在通用具身智能领域的前瞻性和战略性思考，旨在逐步突破目前技术的局限，实现更高水平的自动化和智能化。

11.2.3 加速的发展浪潮

虽然从技术成熟度的角度，尚离能够匹配人类能力的具身智能有一定的距离。但人们常常高估机器人的能力上限，同时低估机器人在某些特定应用场景中的市场潜力。事实上，即便机器人在某些环节的效率不如人类，也可以通过延长机器人的工作时长来弥补这一不足，例如在清洁、夜间作业以及低频长时搬运等场景中。当前，许多化学和药品实验室已经开始使用复合机器人代替工程师执行自动化合成任务。这些机器人具备高精度的微操作能力，并且能够不间断工作 24 小时，从而解放了许多被困于重复性操作中的劳动力。

在可以预见的未来，机器人在大多数工作场景中仍无法完全复刻人类的能力。然而，如果从减少人力依赖和提高人员工作质量的角度来看，即便是只能部分替代人工的机器人，也依然具有巨大的市场潜力。也就是说，只要技术能够达到商业场景的最低要求，即使还存在诸多问题，市场驱动力依然会促使其进入加速发展的阶段。一个典型的例子是酒店中的送货机器人，尽管它们与合格的酒店服务人员（能够答疑、送物、指引、清洁）相比仍有很大差距（目前这些机器人仅解决了向客房送物这一高频而简单的任务），但依然为酒店带来了成本节约和效率提升，因此几乎所有主流酒店都采用了此类产品。事实上，如今入住一家主流连锁酒店，如果没有看到送货机器人，反而会显得有些落后。

随着大模型技术带来的任务规划能力，以及具身硬件成本的下降和运动控制能力的提升，越来越多类似于酒店配送机器人的细分场景成为可能。未来，具备多种功能的复合机器人将能够提供比现有移动机器人更多的服务和可能性，推动机器人产业迎来新一轮的快速发展浪潮。

推荐阅读

AGENT
智能体
设计指南
成为提示词高手
和AI Agent设计师
机械工业出版社

AI时代，不会用AI等于主动降薪
KIMI
高效办公
AI 10倍提升工作效率的
方法和技巧
机械工业出版社

豆包
高效办公
AI 10倍提升工作效率的
方法与技巧
机械工业出版社

DeepSeek
使用指南
全职业场景应用实践
机械工业出版社

高效使用
DeepSeek
实现智能、高效、创新的效率指南
卢森煌 著
AI时代，个人和企业的效率指南

A COMPREHENSIVE GUIDE TO
LARGE LANGUAGE
MODELS
一本书读懂
大模型
技术创新、商业应用
与产业变革
机械工业出版社

一本书读懂
AI Agent
技术、应用与商业
机械工业出版社

PROMPT MAGIC
Prompt魔法
提示词工程
与ChatGPT行业应用
机械工业出版社

AIGC
智能营销
4A模型驱动的
AI营销方法与实践
AI
Marketing
机械工业出版社

推荐阅读

BUILDING AND PRACTICING OF LARGE LANGUAGE MODELS IN MANUFACTURING
制造业大模型的构建与实践

多模态
大模型
MULTIMODAL LARGE LANGUAGE MODELS
算法、应用与微调

大模型
项目实战
多领域智能应用开发
LLM PROJECTS PRACTICE

大模型
安全、监管与合规
Security, Regulation and Compliance of Large Language Models

AIGC辅助数据分析
与数据化运营
场景化解决方案与案例分析

AIGC辅助
数据分析与挖掘
基于ChatGPT的方法与实践